绿色文物的传奇故事

中央广播电视总台◎编

江西美术出版社
全国百佳图书出版单位

《中国古树》图书编委会

目录

contents

第一章

沙原上的绿色屏障

华北地区

东城区 北京市

故宫中的“神迹”——九莲菩提树

北京故宫，一座历经中国明、清两个朝代的皇家宫殿建筑群。在故宫的西北角，有一处神秘的院落英华殿，这里曾是明清两代皇家礼佛的殿堂，就在大殿前的院子里，生长着两棵树龄将近 500 年的古树，它们见证了许多皇家秘事。

这两棵树叫作“九莲菩提树”，它们大小基本一致，树高接近 10 米，树冠面积将近 150 平方米，浓荫蔽日，蔚为壮观。大树虽然饱经沧桑，但依然枝繁叶茂。根据《明史》记载，这两棵古树是由明朝李太后在同一时间亲手栽植的。

公元 1563 年，年仅 10 岁的明朝万历皇帝朱翊钧登基继位。他的生母李氏被尊为慈圣皇太后。由于李太后是宫女出身，地位卑微，在纷繁复杂的宫廷斗争当中，李太后急需寻找一个巩固地位和皇权的途径。她说自已做了个梦，梦见自己是九莲菩萨的化身，而且九莲菩萨还在梦里面给她传授了九莲菩萨的经。于是建了英华殿，在殿内供奉九莲菩萨，殿前种植了两棵菩提树。

菩提树又名“智慧树”，原产于印度。相传佛教的创始人释迦牟尼在菩提树下觉悟了佛法，因此菩提树被视为佛教圣树。菩提树喜光，不耐寒，只能在热带以及亚热带地区种植，在中国的北方是无法存活的。

故宫

故宫英华殿前种下的这两棵菩提树，却奇迹般存活下来，这一现象曾被史官誉为“神迹”。李太后借此奇迹来神化自己，通过皇权与神权相结合的方式，名正言顺地尊享了一个朝代的最高荣誉和权威。百年之后，由于李太后生前被誉为“九莲菩萨”，这两棵由她亲手种植的菩提树，便被后人称为“九莲菩提树”。

公元 1644 年，明朝灭亡后，清朝皇帝成为了这座紫禁城新的主人。虽然他们对宫殿进行了一系列的扩建和改造，但是作为皇家礼佛、拜佛的英华殿，却被保留了下来。殿堂外的这两棵“九莲菩提树”，也因为特殊的背景和含义，受到了历朝皇帝们的喜爱和推崇。从清初开始，顺治皇帝、孝庄皇后经常到英华殿来拜这两棵菩提树。之后乾隆皇帝在此立了两块碑，寓意大清的子孙像菩提树的子一样多，无穷无尽，永远地延续下去。

九莲菩提树

依靠着神权与皇权之间的特殊关系，这两棵菩提树在皇家禁院里得到了细心照料，茁壮成长。可是，500 多年来，这两棵原本属于热带的树种，为何能够在冬季严寒的北方地区存活下来，却一直是一个谜。如今，在科学的印证下，才还原了它们的真实面貌。

原来，这两棵被称为“九莲菩提”的古树，并不是真正的菩提树。它的学名叫作“欧洲大叶椴”，是一种适合在寒冷地区生长的树种。这种椴树的树形优美，叶片宽大，是著名的观赏树种之一，因为这种树的树叶和果实，和菩提树十分相似，所以一直被误传了下来。

其实认真对比就会发现，菩提树特有的心形叶是全圆的，而这两棵树的叶子不是全圆的，它尖端见尖，叶缘叫“刺芒状”边缘，它之所以形成这种形态，是适应生长环境而逐渐演化而成的。

每到深秋季节，“九莲菩提树”会结出一颗颗直径 8 到 10 毫米的果实。这种果实，和菩提树所产的“菩提子”十分相似，色为褐黄，

九莲菩提树果实

并以五条纹分瓣，在历史上被称为“多宝珠”，不仅成为皇家收藏的物件，也被当作象征多子多孙的“天赐神物”赏赐给朝廷的有功之臣们。

在数百年的时光中，出于政治上的需求，这两棵椴树一直被冠以“菩提”之名，被历朝历代奉为“圣树”。史料记载，清嘉庆年间爆发了一次农民起义，当时起义军的将士们通过攀爬故宫高墙外的大树，攻入了紫禁城。嘉庆皇帝在平息了叛乱之后，为了防范此类事情再度发生，“传谕伐树，遂不复植也”。此后故宫之内的大部分树木都被砍伐，但是“九莲菩提树”却因其特殊的地位而保存至今。

如今，这两棵阅尽世事沧桑的古树，以它独特的容貌和姿态，向游人们述说着那段悠久、古老的历史故事。

北京市门头沟区

虬枝参天，冠盖如云——“帝王树”

在中国，封建帝王向古树名木封赏名号的历史由来已久。但是，在众多受封的树木中，封号最高的却是北京潭柘寺里的这棵千年银杏树。300多年前，乾隆皇帝赐予它“帝王树”的封号。

这是一棵树龄超过1300年的银杏树，树高40多米。不同年代萌发出的枝干，呈三足鼎立之势，直插苍穹。整棵树虬枝参天，冠盖如云，帝王之势浑然天成。

帝王树枝干

乾隆皇帝曾经五次来到潭柘寺避暑、烧香礼佛，每每在潭柘寺居住的时候，会到树下散步。当他走到树下，抬头仰望此树时，他说“此树雄伟之势堪比帝王”，当时随行的大臣和官员，听到了这句话，就把这棵树叫作“帝王树”。

神奇的是，自从获封“帝王树”之后，这棵大树的生长迹象与清朝皇室爱新觉罗家族有了不可思议的关联，民间百姓把它看作是预见帝位更迭的“先知”。清朝每有一朝皇帝登基就会从主干的旁边长出这些小干来与主干靠拢。每有一朝皇帝驾崩，就会从树的顶端掉下树杈。因此，这棵帝王树也见证了清王朝的兴盛与衰落。

由于年代久远，加上树体巨大，今天的人们无法把大树的分枝和清代帝王一一对应。不过，细心的人会发现，就在树干十多米高的地方，一根枝条并没有像其他枝条一样向上生长，而是向西倾斜，偏离了主干。20 世纪 60 年代，一位特殊的游客来到潭柘寺参观，看到这个旁逸斜出的枝干，内心生出无限感慨。据潭柘寺景区管理员回忆，当时这位游客对随行的人员说：“你们看，这棵树叉就是我，但是我没有成才，所以我这棵树杈就长成了‘歪脖子树’。”这位坦诚地自我嘲讽的游客，就是中国末代皇帝爱新觉罗·溥仪。

帝王树树叶

一棵树的生长会和封建王朝的皇位继承相感应，这样的故事听起来有些不可思议。究竟是银杏树生长过程中出现巧合，还是封建帝王们为了统治的需要而牵强附会的，已经无从考证。不过，可以确定的是，这棵千年银杏树之所以拥有种种传奇际遇，是因为它处在一个特殊的地理方位。

潭柘寺，始建于1700多年前的西晋时期。相传，明朝初期修建紫禁城时，设计师姚广孝就从潭柘寺的建

筑和布局中获得了不少灵感，潭柘寺有禅房 999 间半，紫禁城就盖 9999 间半，甚至太和殿都效仿寺内的大雄宝殿，所以民间一直流传着“先有潭拓寺，后有北京城”的说法。潭柘寺受到历朝历代统治者的青睐。到了清代，潭柘寺的影响达到了鼎盛时期，成为当时北京地区规模最大的皇家寺院。

中国栽植银杏的历史可以追溯到商周时期。相传古时候每到春季，人们就会全家一起到高岗上栽下两棵银杏树，雌雄配对，期望儿孙长大以后，银杏树能够枝繁叶茂，果实累累。所以自古以来，人工栽植的银杏树往往是雌雄相伴而生。

但是，作为雄树的“帝王树”却没有沿袭这个传统。800 多年前，也曾有人想在它的旁边栽植一棵雌树。当时植完了雌树之后，遭到寺院僧人的反对，僧人说这个寺院之内不能阴阳同合，不能阴阳两棵树同时栽，就把这棵雌树挪走了，换了一棵雄树。这样一来，这边一棵雄树，那边一棵雄树。那个叫帝王树，这个就叫配王树。

走过 1300 多年的岁月，“帝王树”见证了北京城的历史变迁，也化身成为人们心中的吉祥树。每到初夏时节，当它美丽丰盈的树冠变成一片翠绿时，人们就会来到树下，祈求人寿年丰，国泰民安！

河北省邢台市 一代种，五代享——板栗王

河北省邢台市是中国板栗的主要产地之一，每年金秋时节，大街小巷的糖炒栗子香飘万家，格外诱人，其中尤以前南峪村的板栗最受欢迎。据史料记载，前南峪村种植板栗的历史已有千年，这个只有 1000 多人的小村庄栽种着几十万棵板栗树，村中至今还保留着一棵树龄超过 2500 年的板栗树，被称作中国的“板栗王”。

“板栗王”树高 21 米，树围最粗处 5.2 米，大部分树枝弯曲着向东生长，树干粗壮有力，彰显着它的古老，而枝叶则是青翠茂密，彰显着它旺盛的生命力。虽然“板栗王”已经 2500 多岁了，但是直到现在，每年仍然能够结出 200 多斤的板栗，而且个大味甜。

前南峪村位于太行山中段，自古以来物产丰富，盛产板栗、核桃和杏，素有“太行明珠”之称。唐朝武则天统治时期，她的一位

板栗树

好友云游来到此处，发现村中有一棵板栗树生长得十分高大，树上结的果实颗粒饱满，味道甜美。她就带回这些板栗送给武则天。

武则天是中国历史上唯一的女皇帝，她在童年时期就跟随母亲食素，虽然入宫之后也不乏骄奢，但她注重食素养生的生活习惯从未改变，对各色瓜果也十分喜爱。唐代医药学家孙思邈称板栗是“肾之果也，肾病宜食之”，认为板栗有补脾健胃、补肾强筋的功效。因此，武则天也对板栗情有独钟。她将这送来的味道甜美的板栗命名为“板栗王”，并且下令尽快把板栗种植发展得更广阔。

正是由于一代女皇武则天的推崇，前南峪村的村民开始在“板栗王”的周边大量种植板栗树，如今“板栗王”周围还有 300 多棵唐代的板栗树存活下来，树龄都在 1000 年以上。

板栗树原产于中国，采食板栗的历史可以追溯到 6000 多年前的原始社会，到了西周时期，黄河流域就出现了人工种植的板栗。《史记·货殖列传》中记载：“燕秦千树栗，此其人皆与千户侯等。”说的就是当时燕秦两国拥有千株板栗树的人，其富可抵千户侯。由于板栗产量稳定，板栗树的寿命也很长，在民间有“一代种，五代享”的说法，板栗也被称为“摇钱树”“救命树”“健身树”。

据当地村民说，板栗的抗灾能力很强，即使是在旱涝灾害严重的年份，农田里的农作物颗粒无收，板栗却依然结果，因此在历史上，板栗往往可以在饥荒、战乱时期用来取代粮食，因此也有“铁杆庄稼”的美誉。而“板栗王”所产的板栗也曾在抗日战争时，成为救急的食物。

1940 年 11 月，中国人民抗日军政大学由延安迁到了前南峪村，

板栗

师生们就在这棵“板栗王”周边，建起了简易的教室。当时由于受到日寇封锁，物资匮乏，板栗就成了最好的果腹之物。

如今，板栗早已融入前南峪村村民的日常生活中，家家户户都种植了几百棵板栗树，成为前南峪村的支柱产业，年产板栗340吨，每年能为村民们带来400多万元的经济收入，板栗树当之无愧地成为村民致富的“摇钱树”。

板栗每年五六月开花，九十月结果，收获的季节，这里的村民就会把板栗做成糕点和菜肴。而“板栗王”树上收获的板栗，也会被平均分到当地村民的家中。

对于这些为当地人带来幸福生活的板栗树，村民们倍加珍惜。他们在这棵“板栗王”的树枝上挂满了红布条，表达着对美好生活的向往。如今前南峪村已经成为一个集板栗种植、加工和生态旅游于一体的新农村，慕名前来观光的游客，不仅能欣赏美丽的自然风光，体验农家乐，更能在这里摘食新鲜的板栗，感受这里的板栗文化。

河北省隆化县 不知疲倦的前行者——隆化柳树

中国有句俗语——人挪活，树挪死。在河北省隆化县小扎扒沟村，有一棵柳树，在200多年间，它离开原来生长的位置，“行走”了150多米远，现在依然生机勃勃。

这棵特殊的柳树，目前扎根在一条干涸的河沟里。它一树双身，两条粗壮主干宛如蛟龙，蜿蜒盘旋，又好像两条长腿，呈现着迈步向前的姿态。柳树的根系已经严重腐烂，但树冠依然绿意盎然，山湾乡小扎扒沟村的村民见证了这棵树近三四十年间的“行走”奇观。

从20世纪80年代起，这棵柳树开始为外界所知。拍摄于1985年的黑白照片上，柳树的两根主干在河沟上从西向东跨越，昂起的枝干有五六米长，主干的高度超过游人的头顶。16年后，也就是2001年，原本昂起的部分已不见踪影，两大主干垂于地上，几乎是横卧河沟。当地人给它起了一个很美的名字：“彩虹桥”。当年“彩虹桥”可以走人，还能走马，现在人也能过，但是有些困难。前几年顶上没有腐烂，还有个鸟窝，现在这个“彩虹桥”已经腐烂得很严重了。

10多年中，林业工作者勘察柳树行走沿线的“物证”，终于掌握了这棵柳树“行走”的全部路线。让人惊诧的是，在200多年间，

1985年的柳树

这棵柳树翻坡越坎，围绕着干涸的河沟，曾经六移其址。通过一张简单的路线图，我们可以看到它“行走”的“壮举”。

一棵貌不惊人的柳树，在200多年间挪动了150多米远，打破了人们通常认为的“树挪死”的观念。在当地人眼里，这棵树充满了传奇色彩，俨然一棵无所不能的“神树”。其一，它是爬行的，它不像正常的树是直上直下长，它是爬着长。其二，当地传说，这棵树能够给富人增寿，穷人增财，赠龙子，送龙孙，得病可以上这认“干老”。

在中国500多种柳树中，人们最常见的是河岸和道路两旁风姿绰约的垂杨柳，而这棵“行走”的柳树，是更具耐旱特性的旱柳。虽然本身生命力顽强，但是倒伏了还能存活、一边长还一边向前“行走”的现象，确实令人费解。经过长期调查，林业工作者逐渐揭开了谜团，原来这棵柳树并不是生来如此，它行走的历程是在一个偶然情况下被动开始的，这里就是它“出发”前的“家”。

200 多年前的一次洪水，把原本生在山顶的一棵小柳树连根拔起，冲刷了 70 多米，掉落在山脚，虽然整个树干已经倒伏，根部只被少量淤泥掩埋，这棵小树还是顽强地生存了下来，而且因为一种特殊的植物特性，它从向上生长变为向前匍匐生长。前端在重力作用下下垂，着地后生根，其背部不断萌发新的枝条，后端逐渐腐烂消失。

这种植物特性，使“彩虹桥”的变化得以解释：树冠因为重力下垂，所以越来越接近地面，着地后扎进土壤，并形成新的树干，之前的树干便逐渐腐烂、消失。常年如此，不断更新，造成一种错觉，柳树仿佛在“行走”一般。根据林业工作者测算，在过去的 200 多年间，这棵树平均每年移动 0.38 米。而它之所以反复围绕河沟“行走”，也并非偶然。在植物趋光和趋水性的作用下，这棵树始终围绕着阳光充裕、水源丰沛的河沟不断地来来回回地“行走”。

虽然“神树”的面纱已经揭开，但是人们对老树的感情却一如既往。柳树不屈不挠、顽强求生的精神也成为当地人教育后代的生动教材。这株旱柳，承载着生命前行，体现了一种坚韧不拔的精神。

如今，这棵行走了 200 多年的柳树，依然郁郁葱葱，生机盎然，就在距离树根不远的地方，又有新芽破土而出，这也意味着它还会继续“前行”，做一个不知疲倦的“行者”。

『行走』的柳树

柳树树皮

河北省平泉县 绿色守护神
——九龙蟠杨

在河北省平泉县薛杖子村，一株古老而神奇的杨树驻守在村外。树高15米，冠幅面积超过1000平方米。它的主干已经被深埋在地下，露出地面的是3根粗大的分枝，其中最大的一枝胸围超过6米。这棵杨树埋在地下的主干胸围可能超过15米。可以想象，如果整棵大树露出地面，气势该何等壮观！

“九龙蟠杨”树

九龙蟠杨的叶子

除了高大，这棵古树更为奇特的地方是它的树型。3条枝干衍生出9条主枝，或上扬、或平伸、或俯探，犹如九条巨龙，彼此环绕。有的两龙身首相缠，有的大龙背上驮小龙，千姿百态，情趣盎然，仿佛一个龙家族。所以，当地人为这棵古树取名“九龙蟠杨”。

杨树是世界上分布最广泛的树种，但是像“九龙蟠杨”这样古老而造型奇特的杨树，可以说极为罕见。树干为什么弯曲？古树为什么呈现这样的造型？几百年间，当地人一直在寻求答案。

平泉，古称“八沟”，这里山泉众多，水源充沛，是西辽河的发源地，故称“辽河源”。在最高峰马盂山的周围，是一片高山草地的景观，相传曾是辽国某王爷牧马之地，所以叫“王爷马场”。按照当地民间的传说，“九龙蟠杨”的诞生和辽朝王室颇有渊源。

『九龙蟠杨』弯曲的树干

相传，公元 1020 年前后，辽圣宗耶律隆绪与皇后萧氏曾来到马盂山打猎，见到一只八角梅花鹿在一棵杨树上磨角，皇帝张弓搭箭欲射，皇后不忍杀戮这个小生灵，抢先拉弓虚发，小鹿闻风而逃。此后，那只八角梅花鹿曾驻足过的杨树，枝干开始发生变化，分成一主三干，形成连理之枝、龙腾之势，逐渐繁茂起来。

近些年来，当地林业部门一直在试图解开“九龙蟠杨”的生长之谜，他们从树上截取枝条，插到苗圃栽种，发现新生的小树直立挺拔，并无虬枝，这说明“九龙蟠杨”的形成和树种本身并无关联，而是基因变异或环境造成的结果。

遮荫纳凉、活血疗伤，这棵老杨树用自己朴实无华的方式，陪伴和护佑着村里的百姓。逢年过节，当地百姓也会到树下烧香祈福，感谢古树。2005 年，当地政府规划旅游专线，原计划在过去的路面上实行扩建，但是出于保护“九龙蟠杨”的考虑，最终修改了方案。从保护九龙蟠杨的角度出发，避免路面修建时来往车辆对九龙蟠杨造成损坏，选择从其他的地方修路。

树为人遮阳，人为树改道，此外，人们还搭建起人工支架，给予老树稳固的支撑。对于人类来讲，古树是一种不可复制、不可伪造、失而不可复得的特殊文物，保护古树，既是人类对历史的尊重，也是中国人与大自然和谐共生的智慧。

现在，“九龙蟠杨”长势良好，依然枝叶繁茂，绿荫如盖。它如同一位精神矍铄的老人，默默地驻立在村口，眺望远方，成为村民回家时的路标，也成为远方游子心中故乡的标志。

虽然隐居乡间，不曾有名人雅士为它竖碑立传，但“九龙蟠杨”兀自展示着生命的顽强与坚韧。它站在广袤的大地上，如同大自然赐予人类的一尊“绿色守护神”。

搭建着人工支架的『九龙蟠杨』

山西省洪洞县

亿万人心中的故乡
——洪洞大槐树

在中国所有的古槐树中，有一棵100多岁的“年轻”槐树，算是其中的小字辈，但它却因为特殊的血统和历史渊源，成为中国最著名的槐树，被誉为“亿万人心中的故乡”，它就是山西省洪洞县的洪洞大槐树。

范忠义是大槐树景区的负责人，对于大槐树的历史可以说如数家珍。他说这里流传着这么一句话——全球凡是有华人的地方，都有大槐树移民的后裔。

这棵槐树树高12.8米，树围最粗处2米，树体苍劲挺拔，枝叶茂盛，彰显着旺盛的生命力。几乎每一天，大槐树都会迎来许多游客。在人们看来，这不是一次普通的旅行、参观，而是一场追溯，一次寻根问祖。在中国，洪洞大槐树可以被喻为“家”、称作“祖”、看作“根”。因为它见证了中国历史上一段影响深远的移民史。

明朝初期，由于天灾频繁，加上连年战祸，中原一带田地荒芜，人烟稀少，满目疮痍。而素有“表里山河”之称的山西省，自古以来易守难攻，土地肥沃，百姓生活比较安定，部分地区甚至人满为患。于是，朝廷下旨，组织山西人口外迁。因为洪

洪洞大槐树

洞县人口尤为稠密，又地处交通要道，所以移民次数最多。每次移民，就在大槐树旁边的广济寺“设局驻员”。为了达到目的，官府甚至采取了强迫的手段。

由于是强迫性移民，所以移民们登上离乡背井的征程时，扶老携幼，悲伤哭啼，频频回首中，亲人的面孔逐渐模糊，只能看见大槐树和大槐树上的老鸹窝，它们就成了家乡的标志，也由此诞生了

槐根

一首广为流传的民谣："问我祖先来何处？山西洪洞大槐树。问我老家在哪里？大槐树下老鸹窝。"

可惜的是，今天的人们来到洪洞，已经看不到当年的那棵大槐树了。据史料记载，第一代洪洞大槐树为汉代所植，在清朝顺治年间，因汾河发大水，树干部分被冲毁。幸运的是，它的根部却在这场水灾中幸免于难保留了下来，并且重新萌发，繁育出第二代大槐树。后来，第二代大槐树因遭遇雷击枯萎而死，它的根部又再次蘖生新枝，第三代大槐树应运而生。可以说，三代大槐树，同根相生，一脉相传。

除了根部繁殖，槐树还可以通过育种和扦插培育新株。据记载，当年移民们走的时候，把这棵槐树的枝条或者种子带在身上，到达新地建村立庄时，就在村中最显要的地方，如村口、十字路口，甚至是房前屋后，都种上一棵槐树，以此表达对故土祖先的怀念之情。随着时间的流逝，幼槐成了古槐，古槐就成了故乡、祖先的象征。

据学者统计，明朝初期的50年间，洪洞大槐树下先后进行了18次移民，涉及汉、蒙、回、满四个民族，人数达到100万以上。大槐树的移民始祖姓氏为881个，分布在中国18个省市，600多个县。而后经过历代转迁，大槐树的移民又遍及全国乃至海外，迄今总人数已超过两亿人。

如今，洪洞大槐树已经成为移民文化和寻根文化的代名词。从1991年开始，每到清明节前后，洪洞县都会举办“洪洞大槐树寻根祭祖节”，以抚慰移民后代的思乡寻根之情，顺应各地回乡祭祖之潮。每年的清明前后，来自世界各地的华人们齐聚洪洞，朝拜父辈口中那充满传奇色彩的大槐树，向它表达内心的愿望和祝福。

为了更好地保护大槐树，当地林业部门修建了防护栏，为它除虫去病，派专人进行养护，保证这棵有着特殊意义的大槐树能够开枝散叶，充满生机。可以说，保护大槐树，在一定意义上讲，就是在保护中国人心中的故乡，保护中华民族的“文化之根”。

山西省太原市

中华第一奇松——蟠龙松

在山西太原的天龙山上，有一棵造型奇特的古松，每年有十多万名游客慕名而来，只为一睹它的风采，它就是蟠龙松。其树龄超过 1500 年，树体不高，只有 3 米左右，腰身 60 多厘米，也不粗壮，但它的枝杈在离地两米处开始呈现出令人惊叹的造型。扭曲的虬干呈螺旋形盘旋而上，好像一条蓄势待发的苍龙。枝叶向四面平伸辐射，浓密的树冠舒展开来，如同一个巨大的华盖，面积达到 277 平方米。古老的树龄、特殊的形态，为它赢得了“中华第一奇松”的美名。

蟠龙松龙头曲曲向上，向南倾斜，龙尾向北伸展，龙爪向四周延伸，整体看它像一条卧着的蟠龙。它属于油松的一种，是中国特有的树种。蟠龙松所在的位置，是一座诞生于北齐时期的古寺庙——

蟠龙松

圣寿寺

圣寿寺。相传金朝时期，圣寿寺起了一场大火，一烧就是三天三夜，幸亏一场及时雨将大火扑灭。此后不久，村民们发现在寺庙旁边长出一棵松树，盘根错节、造型奇特，像一条盘卧的苍龙，老百姓认为这是天造地化之树，为它起名“蟠龙松”，希望得到它的庇护。

不过，从事古树研究多年的李新平教授更认可另一种说法，蟠龙松并非自然造就，而是由寺中僧人所植。一般情况下，松树树体比较高大、比较挺拔，象征一种精神风貌。从古时候人们修建亭、寺庙开始，就要栽植油松，基本上和寺庙建筑相伴而生的。

中国人历来有植松、赏松的习惯。古人以松树品格喻人品，《荀子·大略》称：“岁不寒无以知松柏，事不难无以知君子”，便是以松喻君子。松树傲雪凝霜，经冬不凋，炎炎烈日下不减卓然清气，

天寒地冻中显示铮铮傲骨，被人们视为浩然正气的化身。所以中国人在造园建寺时，都会种上几棵松树。根据天龙山当地的传说，当年，圣寿寺的僧人们在这棵松树成长初期，特意人为地对这棵松树进行了加工，使树干长成了龙的形状，于是才有了今天的“蟠龙松”。

随着科学的进步，林业工作者们找到了答案。在土壤条件较好的环境中，油松会长得挺拔苍翠；在悬崖、风口等条件恶劣的地方，它的枝条就会扭曲而呈现各种奇特的造型。对于这棵蟠龙松来说，温度是影响它生长的关键。神奇的是，当蟠龙松完成了“适者生存”的努力后，形成的这种虬龙蟠空之势，恰恰吻合了中国人心目中最神圣的精神图腾。

在太原当地，老百姓认为有龙可以风调雨顺，有龙可以造福万民，龙是至高无上的图腾。所以当地人对蟠龙松是很向往的。

巧合的是，蟠龙松所在的天龙山，历史上被认为是太原城的龙脉所在，而太原自古就被誉为“龙城”。著名的晋文公从这里开始拓展霸业。隋末，李渊和李世民父子依托太原建立了闻名于世的大唐帝国。再加上后唐李存勖、后晋石敬瑭、后汉刘知远等，近20位皇帝都在此登基，太原也因此被视为龙兴之地。而龙城的重要龙脉就是这天龙山。

在“龙城”的“龙脉”之上，生出这样一棵举世罕见的“蟠龙松”，自然而然成为了“龙城”的象征。历史上，这座寺庙

蟠龙松树干

蟠龙松果

几经战火，几度兴废，但是这棵蟠龙松，却每次都能逢凶化吉、安然无恙，奇迹般地存活下来。一棵古树，造化如此神奇，生命力如此顽强，更让它成为了一方百姓顶礼膜拜的“神树”。

走过1500多年的岁月，这棵蟠龙松犹如一位雍容大度的长者，伫立在圣寿寺前，气定神闲，从容不迫，迎接着四面八方的游客。

山西省古县 国民之花——天下第一牡丹

山西省古县石壁乡的三合村，一棵古老的牡丹怒放在春风中。它花大如盘，瓣白如玉。这株牡丹高2.3米，冠幅33平方米。2007年，它创下了单株开花621朵的最高纪录。经测定，在中国已发现的古牡丹中，这株牡丹单株最大、着花最多，堪称“天下第一牡丹”。

在中国，很多人了解牡丹，源自民间流传的“武则天怒贬牡丹”的故事。而这，恰恰就是“天下第一牡丹”诞生的传说。

相传武则天登基后，一个数九寒天的冬日，大宴群臣，酒过数巡，武则天突发奇想，要在冬天看到百花齐放。她还乘兴赋诗：“明朝游上苑，火速报春知。花须连夜放，莫待晓风吹。”于是，上林苑众花接到旨意后，一夜之间纷纷开放，但唯独牡丹抗旨不遵。它

天下第一牡丹

牡丹花芯

有自己的骨气，就是不开，结果惹怒了武则天，她就召集她的丞相，上下朝所有的人，把牡丹焚烧了。焚烧以后，由一株牡丹带领众牡丹向洛阳去，沿路就是这株牡丹，它不堪忍受差役的折磨而自行脱逃。

从押送的队伍逃脱后，这株白牡丹寻找落脚之地，它发现三合村山清水秀，人杰地灵，就决定在此落脚。很早以前，三合是一个庙，牡丹幻化成人形，来到这个庙里，说是烧香，进去以后就没再出来。等到第二年春天，这个庙里就出了一株牡丹，这是最早的传说，很是神奇。

因为这样的一个神话传说，当地人又把这株牡丹称为“神牡丹”。每到花开时节，四面八方的游客纷至沓来，祭拜牡丹仙子，欣赏“天下第一牡丹”。

如果仔细观察这株古牡丹，会发现它的花朵有的是白色，有的微微透着粉色，有的已经接近粉色，这是自然授粉的结果。实际上，从野生到人工培育，牡丹身上发生的变化，堪称植物进化史的传奇。在1600年中，牡丹的花色从3种变为9种、花型从一种变为十几种，花的品种从9种发展为近2000种。花色变得姹紫嫣红，花瓣变得层层叠叠，形态变得仪态万方。它登堂入室，成为美丽的象征，成为“万花之王”。

在“天下第一牡丹”的旁边，还有两株牡丹陪伴在侧，它们是牡丹的分株。20世纪70年代，有个爱花的村民偷偷从牡丹根部挖走一部分，培育出了这2棵分株。奇怪的是，从“偷”走牡丹的时候开始，家里就接连不幸，后来他把2棵分株送回了母树边。从外形看，两棵分株长势更加旺盛，这其实与牡丹的植物特性有关。牡丹可以通过嫁接和分株进行无性繁殖，分株后，新苗木生长旺盛，能够保持优良的品质。

作为一种生命力旺盛、适应能力强的花朵，牡丹还有着“舍命不舍花”的特质。在得不到充足养分的情况下，它把自身粗根里头需要的养分都供给上边生长、开花，待花开完，根就都瘪了。

对于生活在“天下第一牡丹”周围的村民们来说，牡丹不单纯是一种植物和观赏的对象，它已经上升为民间信仰，成为佑护一方百姓的神明。每年正月初一，老百姓在自己家里都要

微微透着粉色的牡丹

蒸糕，这个糕就是给上岁数人准备的。拿上糕到那边祭拜牡丹仙子，图这一年顺顺当当，平平安安。

千百年来，牡丹已经融入了每一个中国人的生活。因其富丽、芬芳，成为幸福美好、繁荣昌盛的象征，而在尊荣娇艳的背后，是牡丹不畏逆境、坚韧顽强的生命力，开创美好生活的创造力，这正是中华民族特有的精神气质。正因如此，除了“万花之王”，牡丹还有一个亲切而又尊崇的名号——国民之花。

第二章
四季分明的历史画卷

华中地区

湖北省利川市

世界水杉的"母树"——中国水杉王

在中国湖北省利川市凤凰山下，有一棵巨大的水杉树，被称为"水杉王"。水杉王树高35.4米，相当于十几层的楼房高度，树干通直挺拔，高耸入云，赤褐色的树干上长满了苔藓，绿意盎然。树围最粗处有7.5米，要六个人才能合抱。枝叶扶疏，向两侧斜伸出去，犹如一座宝塔。

虽然树龄只有500多年，但是这棵水杉王却是世界上树龄最大、树围最粗的水杉树。目前存活的大部分水杉都是由这棵水杉王繁殖的后代，因此它又被称为全世界水杉的"母树"。当年这棵水杉的发现，曾被誉为"20世纪植物界的最大发现"。

水杉生活在1亿4000多万年前，曾和恐龙一样盛极一时。据考

水杉王

水杉树树干

水杉叶

证，水杉诞生于北极圈，后来逐渐分布到欧洲、亚洲和北美洲。到了第四纪冰川期，气候酷寒，包括恐龙在内的大部分动植物都灭绝了，人们只见过从地层中发掘出来的水杉化石，植物学界宣布水杉在地球上已经彻底消亡，一时间水杉化石身价倍增，不少收藏家都以能够收藏到一枚水杉化石而自豪，甚至将其视为“镇宅之宝”。但是这棵“水杉王”却上演了一出现实版的“恐龙复活记”，推翻了植物学界对水杉已经灭绝的定论。

1941 年的时候，我们国家的植物学家干铎，经过这棵树，感觉此树很稀奇，但是以他的经验还不能确定这是什么树。时隔两年，

又有一位植物学家听说这个消息后来到这里，并采集了标本带回去研究。由于当时正值抗日战争时期，时局动荡，这个标本放在实验室中，很长一段时间无人问津。抗战胜利之后，标本被辗转送到郑万钧教授那里做鉴定，几位植物学家经过共同研究，认定这个标本就是水杉，并发表了《水杉新科及生存之水杉新种》的论文，在世界上引起了轰动。当时美国发行量最大的报纸《旧金山纪事报》发表文章称：一亿年前称雄世界之后，消失了2000万年的水杉，在中国的一个偏僻小村依然存在，其意义至少等于发现一头活恐龙。

然而这棵水杉为什么能安然地度过第四纪冰川期存活下来了呢？利川位于云贵高原的东北部，四周被群山环抱。当冰川期到来时，寒冷的气流被这些大山所阻挡，因此，当世界上大部分地区被冰雪覆盖时，利川却能独享温暖、湿润的气候。正是这种得天独厚的自然环境，让水杉在历经一亿多年之后，依然能够繁衍生息，留存至今。

水杉王被发现之后，植物学家又陆续在利川谋道至小河一带找到了5700多棵水杉树群，这一系列发现，吸引了世界上众多的专家学者前来考察，发表的论文著述多达700多篇，专门研究水杉王而获得博士学位的就多达76人，水杉王也因此多了一个“博士树”的称号。与此同时，水杉王还成为中国与世界各国传播友谊的使者。1978年，邓小平访问尼泊尔时也带了两棵水杉树苗，并亲手种在了尼泊尔皇家植物园，如今，尼泊尔人民把它们称作“尼中友谊树”。

由于水杉适应性强，生长迅速，直径一年能生长1.5厘米，比绝大部分树种都快，因此成为优良的绿化造林树种，目前很多国家

挂红布条的水杉树

都在向中国购买水杉树种子。水杉王的子孙已遍及世界上 80 多个国家和地区，这也为生活在水杉王附近的人们带来了巨大的财富。

生活在利川地区的土家族和苗族人民依靠着水杉发家致富，他们对这棵水杉王也格外尊敬，终年为它披红挂彩，祈求平安。为了保护水杉王和周边的水杉树群，林业部门早在 1973 年就组建了水杉管理站，成为世界上第一个设立的水杉保护机构，为了使高大的水杉树免遭雷击，人们还给它安装了避雷针。

如今，利川设立了国家级的自然保护区，建起了占地 40 多亩的中国水杉植物园，为一棵树建一个公园，设一个保护区，这在世界上绝无仅有，而这一切都是为了让水杉王永远充满活力，向世人展现亿万年前地球古老生命的风采。

湖北省荆州市 天下第一梅——楚梅

“隆冬到来时，百花迹已绝，惟有蜡梅破，凌雪独自开”。每到寒冬腊月，万物萧瑟的时节，湖北省荆州市沙市区的章华寺里，中国最古老的蜡梅——楚梅，就会迎来又一个花期，在它的生命中，已经有过 2500 多个花季了。

这棵高 4.3 米的蜡梅树，虽然树龄极为古老，但依然苍劲挺拔、别有风韵。根部分生出近百条枝干，直接往上生长或者斜伸出去。满树的蜡梅花在天寒地冻的环境里更是娇艳欲滴，楚楚动人。每当微风拂过，一阵阵香气扑鼻，沁人心脾。

蜡梅是冬季开花，为百花之首。中国最古老的蜡梅留存在荆州，并非历史的偶然。3000 年以前，楚人的先民被商朝军队驱逐到蛮荒

楚梅

楚梅

之地，此后的几百年间，他们驾着简陋的马车，穿着破烂的衣服开疆辟土，拉开了楚国的历史大幕。也许正是这种百折不挠、开疆扩土的精神，与蜡梅傲雪凌霜的气质吻合，所以蜡梅深受楚人的喜爱。历史上，他们曾广植蜡梅树，这棵“楚梅”就是历史上有名的楚灵王为了纪念他的母亲而种下的。

楚灵王是春秋时期有名的穷奢极欲、昏庸残暴的君王。他登基后，为了彰显楚国的强大，修建了占地40里的宫室，名为“章华宫”。因为楚灵王非常喜欢腰身纤细的人，朝中官员和后宫女子都节食减肥，后世就有了“楚王好细腰，宫中多饿死”的诗句，章华宫也因

此被称为“细腰宫”。在宫室的后院，曾种植着大片的蜡梅树，点缀着冬日的风景。不幸的是，400 多年后，在秦楚两国的战乱中，章华宫被付之一炬，后院的蜡梅林也难逃厄运。在其后两千多年的岁月里，只有这棵“楚梅”顽强地存活到今天，成为见证楚国历史兴衰的活化石。

如今，楚梅与湖北黄梅县江心古寺的晋梅、浙江天台隋梅、浙江杭州大明堂院内的唐梅、浙江超山报慈寺前的宋梅，并称为中国五大古梅。由于栽种年代最为久远，楚梅还有着“天下第一古梅”的美誉。

自古以来，中国人就崇尚梅花“以韵胜，以格高”的高洁品性，文人雅士尤为钟爱。宋代词人林逋隐居杭州，种植梅花，饲养仙鹤，被称为“梅妻鹤子”。著名诗人陆游在《卜算子·咏梅》中写道：“无意苦争春，一任群芳妒，零落成泥碾作尘，只有香如故”，颂扬了梅花洁身自好的高贵品格。而在所有关于梅花的诗作中，最脍炙人口的作品也许就是王安石的《梅花》了。“墙角数枝梅，凌寒独自开。遥知不是雪，为有暗香来。” 正是这种高洁、坚强的特质，使梅花成为了历代诗人、画家热衷创作的题材。

从古到今，在文人们诗情画意的表达中，蜡梅被赋予了丰富的文化内涵，成为广受欢迎的中国本土花卉。不过，很多人在欣赏蜡梅的时候，也许并不清楚，蜡梅并不是真正的梅花。

在植物学分类中，梅花是蔷薇科植物，蜡梅属于蜡梅科植物，

雪中楚梅

两者的关系相去甚远。由于同在岁末春初开花，同名为“梅”，所以常常被人误认作同种花卉。关于这一点，明朝医药学家李时珍在《本草纲目》中写道：“蜡梅，释名黄梅花。此物非梅类，因与梅同时，而香又相近，色似蜜蜡，故得此名。”

此外，梅花是一种有独立主干的小乔木，而蜡梅是一种丛生型的灌木，它的根部可以不断发育出新的枝条，维持生命的活力。

两千多年过去了，“楚梅”依然傲雪凌霜，章华宫也早已化身为佛教清静之地——章华寺。由于历史悠久、香火旺盛，这里被称为“荆楚名刹”。多少年来，与古寺相伴相生的楚梅，也成为寺庙僧人们的修行伴侣。

每年腊月，楚梅盛开，芳香馥郁，吸引了各地游客前来观赏，感受它坚韧不拔、凌寒留香、自强不息的个性“花语”。一些游客还特地收集楚梅结的籽带回家栽种，用蜡梅之美为室内添香增色，以蜡梅精神鼓励和教育后代，做一个自强自立的人。

湖北省神龙架林区

暗藏玄机的“树庙”——千年铁坚杉

位于湖北省西部的神农架，山高林密，因千年相传的“野人”之谜而受世人瞩目。这片被称为“物种基因库”、“绿色宝库”的大山深处，有一棵中国目前发现的最大的铁坚杉。

这棵生长了1200多年的大树，位于神农架林区南麓的小当阳村。树高48.5米，树围最粗处达到8米。它像一位威严长者，顶天立地，护佑着当地百姓。

古老的铁坚杉在当地备受推崇，除了古老和高大，它的树干内还暗藏玄机。当地人认为，它不仅是一棵树，更是一座“树庙”。

铁坚杉树干的底部，有一个明显的疤痕。300多年前，一次暴

神龙架

千年铁坚杉

铁坚杉树干

风雨中，古老的铁坚杉遭到雷击，树身底部形成一个天然的树洞，当地村民以为天灾就要降临，于是在树洞中供奉了一尊神农氏的塑像。

人们之所以在树洞中供奉神农像，是因为当地特殊的文化渊源。相传上古时代，炎帝神农在此架木为梯，尝尽百草，播种五谷，解救黎民的饥荒和病痛。后人为纪念神农氏的壮举，就把这里称为“神农架”。

这是最原始的神灵崇拜，当地人在驱灾避祸的时候，自然就把神农氏塑像供奉在铁坚杉的树洞中。古树

铁坚杉叶

和神农像组成了一座特殊的“树庙”，吸引了众多百姓前来祭拜祈福。更为神奇的是，在神农像的前面，出现了一个水坑，坑里的水清凉甘甜，取之不尽，被人们奉为“神水”。据说，如果在树前烧香拜祭，再求得“神水”喝下，便可以百病全消。

在那个缺医少药的年代，这一汪清水，被村民们看作是神农祖先赐予他们的“护身符”，因而倍加珍惜。更为神奇的是，随着时间的流逝，天然的树洞存在了百年后，竟然慢慢地合拢了，把受人膜拜的神像和“神水坑”包裹了起来，让今天的人们再也无缘看到树洞存水的景象，也无法检验“神水”是否真的具有药效。对此，中国科学院武汉植物园研究员江明喜给出了科学的解释：雷劈了那个地方以后，再把佛像放进去，似乎刺激了这个植物，所以它那个地方细胞组织生长得很快，产生愈伤组织，最后就把佛像包起来了。

由于铁坚杉树干上有伤痕，根部汲取地下水分的时候，部分水分从伤痕处渗漏出来，在树洞中蓄积，因树体对水分进行了过滤，所以坑里的水清澈纯净，取之不竭。

当地人认为，树洞神奇的合拢是因为灾祸已过，现在已是国泰民安。而在林业工作者看来，铁坚杉通过自身生长，愈合了伤口，显示出这棵千年老树旺盛的生命力，而它之所以成为铁坚杉中的“寿星”，与神农架的自然环境息息相关。

神农架地处中国中部，是西部高原与东部丘陵、南部亚热带与北部温带的过渡区域。复杂的地理地貌与气候环境造就了神农架生物的多样性，形成了丰富多彩的生物资源，使得神农架自古就有“生物避难所”的美誉，也尤其适合铁坚杉的生长。目前油杉属所有种类中最耐寒的一个种。这个种的高度，能够分布到 1400 米左右，刚好铁坚油杉在神农架古老植物园的海拔高度，事实上是它比较适宜的一个生长范围。所以这个地方铁坚油杉能够长这样大。

千百年来，铁坚杉守望和庇佑着一方百姓，生活在这里的人们，也给予这棵古树由衷的尊重和关爱。如今，虽然已经无法看到神农塑像，但人们仍然虔诚地膜拜这座“树庙”，到树前祈福的人络绎不绝。

离奇的自然现象，神秘的人文故事，吸引着众多游客来到铁坚杉下，聆听大树的故事，领略它的风采。在当地百姓和林业工作者的精心照顾下，千年铁坚杉愈发生机勃勃。在它的周围，众多的子孙树也茁壮生长起来，它们一起组成了一个繁盛的“杉树家族”。

河南省登封市

乱了封号的柏树——将军柏

在中国河南省登封市有一座著名的古代学府——嵩阳书院，在书院的庭院中一前一后栽有两棵参天古柏，由于树龄古老，部分树皮已经脱落，但是生机尚存，枝叶犹茂。由于体形粗壮，它们在汉武帝时期就被册封为“大将军”和“二将军”，是中国被古代帝王册封至今仍然存活的最古老的两棵树，距今有4500年的历史。

“大将军柏”树干侧卧在书院的围墙之上，倾斜着生长，树高12米，树围最粗处有5.4米左右，树杈之间最远的距离达到16米，

大将军柏

树冠遮天蔽日，好像一把撑开的巨伞。在它不远处是体形更加粗壮的“二将军柏”，这棵柏树高20多米，相当于7层楼的高度，树围最粗处更是达到了13米，要11个成年人才能合抱，“二将军柏”树干上有一个裂开的树洞，可以容纳两三个小孩在里面玩耍。在树洞的上方，树干一分为二向左右两边生长，就像一只展翅高飞的雄鹰。

这两棵古柏同属侧柏，但是“大将军柏”的树干呈现灰白色，而“二将军柏”的树干却是黑褐色，看上去焦黑一片，林业专家告诉我们，这棵柏树曾经一度生命垂危，后来林业专家在它的树体上涂上了一层黑色的营养液，这才让它重新恢复了旺盛的生命力。

“二将军柏”比“大将军柏”要粗壮许多，但获封官职却低一级。这要从距今2000多年前的汉武帝刘彻登游嵩山时说起。

汉武帝走到一片茂密的丛林看到一棵非常高大的柏树，他走遍全国，没有见过这么大的柏树，于是就信口封它为“大将军”。然而，当他穿过丛林朝后走的时候，看到了更大的一棵，因为皇帝的话是金口玉言，说过了就不能改了，所以就封它为“二将军”。

没想到他接着往丛林深处走的时候，迎面又看见了一棵柏树，比之前的两棵还要巨大，汉武帝无奈之下，只好让最大的

这棵柏树屈居第三，封为“三将军”。因此，登封民间就长期流传下来一个歌谣：大封小，小封大，“二将军”不服肺气炸，“大将军”高兴头一低，“三将军”不服气分尸。

如今笑弯了腰的“大将军柏”半伏于石墙之上，气炸了肺的“二将军柏”树干干裂，一怒之下气分尸的“三将军柏”也因为清朝时的一场大火而被烧毁，至今已经无迹可寻。

汉武帝封了“将军柏”之后，下了一道诏书，划嵩山下的三百户为一个县，叫作崇高县，同时免除全县的一切赋税徭役，还下令禁伐嵩山的一切草木。崇高县封了之后才开始筑造登封城，所以说先有“将军柏”后有登封城。由于汉武帝这一道圣旨的下发，使嵩阳书院的“将军柏”得以保存下来。

巍巍苍翠的两棵将军柏，成为登封建城的历史见证，同时也给嵩阳书院增添了一笔浓重的历史色彩。在中国古代，人们把柏树作为高尚、正气的象征，深受文人喜爱。当时的文人雅士一般会选择清雅幽静的山林名胜之地，作为“群居讲学之所”。而嵩山自古风景秀丽，古树成林，深受当时文人所喜爱，因此他们将嵩阳书院建在了这里。

嵩阳书院始建于北魏时期，它和湖南的岳麓书院、江西的白鹿洞书院以及商丘的应天书院并称为中国古代四大书院。

宋代发展到鼎盛，是当时最著名的高等学府，当时这里会聚了不少名师，北宋的范仲淹、司马光；南宋的朱熹等都

二将军柏

众人合抱的二将军柏

曾在嵩阳书院执教，特别是北宋时期的哲学家、教育家程颢、程颐兄弟也曾在这里讲学，程朱理学也就是从这里开始传播和发展，而后被历代封建王朝所尊崇。二程先生在这里讲学的时候，学生有数百人，讲堂的周围就是嵩山著名的“汉封将军柏”。

虽然时过境迁，但我们依然可以想象，当年曾有无数学子围坐在这两棵柏树下，听讲、朗读、辩论。如今这两棵“将军柏”成了重要的文化旅游景点之一，吸引着无数游客。而这两棵巍然耸立的“将军柏”，用它们自己的方式向人们讲述着那段逝去的历史。

河南省洛阳市

百果第一枝
——千年樱桃树

每年的四五月份，河南省洛阳市新安县的樱桃沟里，十几万棵樱桃树迎来丰收季。与中国北方地区的其他果树相比，樱桃的成熟期要早一些，因而有着“百果第一枝”的美誉。十几公里长的樱桃沟里，一棵1400多岁的古樱桃树，最受当地人喜爱。

由于樱桃沟雨水偏多，加上树龄古老，这棵树的树干部分已经被淤泥掩埋，露出地面的是6大分枝，其中最大的一枝高达8米左右。古树的枝干粗壮有力，树杈上枝繁叶茂，每年能结果500多斤。除了产量惊人，这棵千年樱桃树的含糖量还特别高，可溶性固体物的含量达到18%以上，其他樱桃树一般只有13%左右。

千年樱桃树结出的果实滋味尤佳，也许与它不平凡的身世有关。

千年樱桃树

在距离它不远处，曾生长着一棵中国历史记载最早的樱桃树。相传，公元前770年，周平王迁都洛阳，朝中一位大臣出外狩猎，行至洛阳城西北20里处，见到一棵奇异果树，树上结满红彤彤的果实，晶莹剔透，摘之品尝，鲜美可口。于是采摘一些带回王宫敬献平王。平王品尝后大为惊叹："美哉！妙矣！天下奇果尔！"因为发现之处独此一棵果树，于是赐名为"独树"，它旁边的村子也命名为"独树村"。如今，独树村还在，但那棵"独树"已经无迹可寻。值得安慰的是，这樱桃沟满山满谷的樱桃树，应该都算它的后代，这棵千年樱桃树自然也不例外。

历史总是呈现惊人的巧合。在周平王之后，中国唯一的女皇帝武则天，同样也迁都到了洛阳，同样也吃到樱桃，让她赞不绝口的美味正是产自这棵千年樱桃树。因此，这棵树还有另一个名称——皇封树。

"人间鲜花属牡丹，美味佳果属樱桃"，这是武则天对樱桃的赞美之词，而她之所以偏爱樱桃，除了樱桃味美、有很好的养颜效果，还另有原因。

盛唐时期，国人"以胖为美"。女人们身材丰腴后，会出现嘴大唇厚的烦恼，需要吃些小个儿食物运动面部和嘴巴，樱桃是当时的贡品，个小味美，成为了武则天和贵族妇女们的首选，吃樱桃成为流行时尚，所谓"樱桃小口"也由此而来。

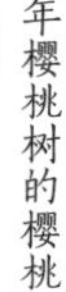

千年樱桃树的樱桃

每到“皇封树”果实成熟的季节，当地人就要开始一段特殊的忙碌。他们会把樱桃酿造成樱桃酒。成熟的樱桃采摘下来难以储存和保鲜，有时隔夜就会坏掉，想要更长久地享受樱桃的美味，酿酒是一个很好的选择。把新鲜的樱桃洗净，用坛子密封埋入地下，半年到一年之后，就可以拿出来享用。现代研究表明，常吃樱桃十分有利于人体健康。

樱桃的含铁量特别高，是所有水果中含铁量最高的一种，所以对缺铁性贫血有明显的治疗作用。另外，对腰腿疼、痢疾，对肠胃疾病都有一定的治疗作用。

在当地，也许是家家户户种樱桃、吃樱桃的缘故，这个村庄也成为了远近闻名的“长寿村”。近些年来，曾经有 60 多位老人达到百岁高龄。

这样一种营养口味俱佳的水果，得来并不容易，中国有一句俗话——樱桃好吃树难栽。比起其他果树，樱桃树对生长环境要求较高，既要冷热适宜，又要干湿均衡，还要避免“倒春寒”等极端天气。幸运的是，新安县的樱桃沟得天独厚的气候和地理条件，使得当地的果农栽起树来事半功倍。

每年的“五一”节前后，诱人的樱桃娇艳欲坠，挂满枝头，樱桃沟就成了“人间第一仙果”的天堂，四面八方的游客慕名前来，摘食新鲜的樱桃，体验农家生活。这满山满谷的樱桃树，成了村民们的“绿色银行”，为他们带来相当可观的收益。

樱桃树为人们带来了幸福的生活，也得到了村民们精心的呵护。尤其是这棵“皇封树”，更是被当地人奉为“神树”。每逢初一、十五，很多人会聚集在树下祭拜。人们在树枝上挂满红布条，表达对古树的崇拜，以及对美好生活的追求。

河南省荥阳市

气象预报员——英雄树

河南省荥阳浮戏山中，有一处青山环绕、松柏叠翠的地方，被称为环翠峪。漫山遍野的绿色中，一棵1500多年的古橿树格外与众不同。12米高、近4米粗的大树生长在三口窑洞的顶部，像一把巨伞，为下面的院落遮阴送凉。

窑洞是中国一种古老的住宅形式，它既不破坏自然环境，又节约建筑材料，冬暖夏凉、舒适宜人。为了追求更好的遮风挡雨、御寒避暑的效果，400多年前，祖先特意选择在大树底下的山体中开凿窑洞，窑洞开凿的过程对这棵古橿树来说是一次考验。由于窑洞上方的土层不足两米，开凿的时候，古树的树根遭到破坏，加上前

古橿树

古橿树树干

方位置被挖空，树根就无法再像以前一样肆意生长。虽前半部分根系已没有它生长的空间，但后半部分有比较深厚的土层，有它生长需要的一些养分，它的根系就顺着这个方向生长。

1500 多年的大树护佑着这座 400 多年的窑洞，在抗日战争期间还曾经立下“军功”。1944 年 4 月，八路军抗日先遣队来到荥阳，与敌人展开了激烈战斗，许多战士在战斗中受伤。由于慎天财家的院子被三棵古树遮盖，不易被日军飞机发现，于是就被选为后方医院。

从 1944 年 9 月到 1945 年 9 月的一年间，这所后方医院共救治 2000 多名负伤的八路军。此后，当地百姓就把这三孔窑洞称为“英雄窑”；把窑洞上的古橿树称为“英雄树”。

除了为人们遮风挡雨，1500 多年的古树还有一个特殊的身份——气象预报员。平时，树的叶子呈现正常的绿色，当叶子由绿变红时，就意味着雨水天气的到来。当地村民以此辨别天气，安排

橿果

农活。随着社会的发展，林业工作者们发现这是因为古橿树叶子富含叶绿素和花青素，两个彼此消涨，当天气长期干旱、即将下雨之前，叶子就会由翠绿变为暗红。当雨过天晴之后，就又变成绿色了。

除了叶子会提示天气的变化，古橿树的果实也是天气预报的信号。每到秋天橿树会结出一种圆形的褐色果实，当地人叫它“橡子”。因为含有淀粉，橡子可以食用，而且越是干旱的年份，橡子结得越多。

1942 年，日寇铁蹄侵略下的河南发生严重旱情，粮食绝收、饥荒成灾。河南省的 3000 万民众，有 300 万人饿死，另有 300 万人流离失所，中原地区饿殍遍地。而古橿树似乎也感受到人们的苦难，迸发出全部的生命能量，以前所未有的丰收，来帮助人们渡过难关。

八路军后方医院

古代，橿树是非常重要的木材，专门用于制造车轮、船舶，以及宫殿、庙宇等建筑。这缘于橿树材质的特殊性。它的躯干严实，没有任何空洞，水、雾、风、虫，无隙可侵，所以不会腐烂干枯。橿树的树枝即使掉落泥土中埋没多年，仍然不腐不烂、坚实如故。正是因为质地优良，橿树在古代曾被大规模砍伐，以至于现在存世的大树极少。如今，环翠峪开发成了著名的风景区，古橿树下面的八路军后方医院成为爱国主义教育基地，慕名前来观光的游客络绎不绝。有感于千年古橿树的特殊故事，有人特地撰文来歌颂它安贫乐道、造福一方的精神。在无数游客关注的目光中，这棵千年古橿树似乎愈发苍翠，更加生机盎然。

江西省九江市 一道独特的风景——庐山“三宝树”

江西省的庐山，有着“匡庐奇秀甲天下”的美誉，这里山清水秀、植被茂密，其中有三棵古树久负盛名，被誉为庐山“三宝树”。“三宝树”中，一棵是银杏，两棵是柳杉，三棵树比肩而立，绿叶繁茂，树杈相互交织，树冠覆荫面积达到1200平方米。远远望去，浓荫蔽日，绿浪连天。

在这三棵树中，银杏年龄最大，有1600多年，另外两棵中国柳杉在800年左右。银杏树高30.2米，树围最粗处达到5.46米，需要5个人才能合抱，而另外两棵柳杉，树干笔直挺拔，树高40米左右，相当于12层楼的高度，树围最粗处有6米，绿叶随风摇曳，生机盎然。

庐山

两棵柳杉

三棵古树都与佛教文化有着千丝万缕的联系。庐山的佛教文化最早发源于东晋，到唐宋时期达到鼎盛，有近 300 座寺庙，围绕着寺庙周围，香烟缭绕、古木参天。这些树木都是由僧人种植。在中国的佛教文化中，树有着独特的寓意，因此在建造寺庙的时候，都要栽种一些特定的树种。

佛祖释迦牟尼出生在无忧树下，成佛在菩提树下，圆寂在娑罗双树下。在佛教的观念里，释迦牟尼的生命起始，以及他的价值、他最光辉的时刻都紧密地和树联系在一起。

庐山的“三宝树”在佛教文化中也有着独特的寓意，其中银杏是一种非常古老的树种，早在三亿四千五百万年前就在地球上广泛分布。在佛教文化中银杏又叫“圣树”，代表人们的向佛之心，可以护持佛法。这棵银杏相传是晋朝僧人昙诜在建造大林寺时所种。

两棵柳杉，是明朝彻空和尚在建造黄龙寺时亲手栽种。在《徐霞客游记》中对于这种柳杉有一段记载：“溪上树大三人围，非桧非杉、枝头着子累累，传为宝树，来自西域”。所说的“非桧非杉”实际上就是中国柳杉。

当时的人们误把柳杉当成是外来树种，事实上，柳杉是中国特有树种，分布在长江流域以南，广东、广西、云南、贵州、四川等地都有柳杉，它的树杈缓缓下垂，枝条中部的叶子较大，向两端逐渐变短。由于外形像一座佛教的宝塔，因此被人称为“宝树”。在当地人的心中，柳杉是可以驱邪招福、化解仇怨的神树，特殊的寓意也让它受到僧人们的敬仰。

夏季的庐山经常会出现雷电交加、狂风大作、暴雨倾盆的情景，古代人们把这种现象称为“山啸”。不过让人惊奇的是，每次庐山发生“山啸”的时候，三宝树下却常常是风平浪静。明万历十五年时，因为这奇景，人们认为三宝树有镇山之能，于是上奏朝廷，明神宗朱翊钧听闻此事后，认为这是吉兆，是“三宝树”显灵之威，于是便有了“见此三棵树，文官下轿、武官下马”这道旨意。不过专家考证，这种奇特的现象并不是什么神力所带来的，而是因为三宝树所生长的地方有着独特的地理环境。

庐山北靠长江，东依鄱阳湖，海拔 1474 米，由于受到山势和气流的影响，时常会出现一边有雨而另一边却滴雨不下的情形，被当地人形容为“夏雨隔牛背，鸟湿半边翅”。而“三宝树”生长的黄

银杏树

龙山谷，位于庐山中部，周围群山环绕，当遇到狂风暴雨的时候，这里受到高耸的山脊保护，风力比较平缓。正是这种独特的地理环境，让“三宝树”和它周围的庙宇免受了风雨侵扰。也许是当时的僧人们已经掌握了这些自然规律，才选择这里建庙栽树，因而成就了一段传奇的故事。

时光流转，三棵古树已经生存了千百年之久，其中一棵柳杉在2008年的时候由于树龄太过古老，根部出现了病变和腐烂。当地林业部门为了延续它的生命，采取了很多保护措施，使之依旧生长旺盛。作为庐山佛教文化的历史见证，如今“三宝树”耸立在深山古刹之间，成了庐山一道独特的风景。

第三章
春华夏发的绿色名片

华东地区

山东省泗水县 植物界的大熊猫——孔子手植银杏

在山东省泗水县，有一所坐落于群山环绕之中的寺庙——安山寺。这座始建于唐代的寺庙，距今已有1300多年。由于历史悠久、香火旺盛，这里被称为“东鲁佛教圣地”。

在安山寺的大雄宝殿前，矗立着一棵古老的银杏树，它的年代比这座寺庙还要久远。银杏树高21.5米，树围最粗处接近8米，树冠面积更是达到400平方米，遮天蔽日，枝繁叶茂。

每一位来到安山寺的游客，都会被这棵银杏树所吸引。相传这棵银杏树，是中国儒家学派创始人，被誉为“万世师表”的孔子当年在这里讲学时，亲手栽种下来的，距今已经有2500多年的历史了。

孔子是中国历史上伟大的教育家、思想家和政治家，也是中国儒家文化的创始人。据记载，孔子与泗水有着很深的渊源，他不仅

孔子手植银杏树

杏坛

喝着泗河水长大，还曾经站在泗河的源头——泉林，面对滔滔而去的泉水发出过“逝者如斯夫，不舍昼夜”的感叹。

孔子认为银杏多果，象征着弟子满天下；树干挺拔直立，绝不旁逸斜出，象征弟子们正直的品格；果仁既可食用，又可入药治病，象征弟子们学成后有利于社稷民生，所以从此之后，孔子所到的讲学之处，就被称为“杏坛”，这也使银杏树成为了儒学文化的一个标志。

关于这棵古老的银杏树与安山寺，和唐太宗李世民还有过一段渊源。据说李世民平定天下时，曾在泗水与隋末将领窦建德有过一场艰难的战役。

李世民当年还没有当皇帝的时候，在泗河沿岸打仗，被敌人反包围。被困在安山的李世民，利用周围险要的山势和陡峭的地形，为自己争取到了等待救援的时间。战争胜利后，李世民就在这棵白

果树下和自己的部下喝酒、吃饭，休整军队。

曾经在这棵银杏树下休养生息的李世民，对这棵树有着很深厚的感情，同时他也把这棵树作为吉祥、平安的象征。他登基后专门为这棵树修建了一所寺庙——安山寺。所以说应该是“先有白果树，后有安山寺”。

2500 多年来，古老的银杏树在安山寺前每天聆听着晨钟暮鼓，经声佛号，在寒来暑往中，画出了一道道坚韧的生命年轮。

银杏树又叫白果树，每年的四月开花，十月结果。明代时期，中国人就已经发现了银杏果的药用价值，并用它入药来治疗哮喘、咳嗽等疾病。但银杏树的生长周期十分缓慢，在自然条件下，从栽种到结果要历经三四十年的时间，因此在民间，银杏树又被称作“公孙树”，有“公种树而孙得食”的含义，这也就是中国人常说的“前人栽树后人乘凉”。

银杏属于最古老的裸子植物，被称为“植物界的活化石”，也叫“植物界的大熊猫”，它的生长速度非常缓慢。它是经过这么多年保护才长到这个程度的，长到这个程度已经非常不容易，所以显得更加珍贵，这也是地球上最古老的栽培银杏。

为了保护这棵“至圣先师”孔子亲手栽植的银杏树，当地的林业部门除了派专人看护、保养外，每年还要对这棵古树进行一次例行的“体检”。从树干到枝叶，到根系进行全面会诊，包括排水、透气等等方面都重新治理。

银杏叶

银杏果

这棵孔子手植的银杏树属于雄性，在距离它不远的地方，还有一棵雌性银杏树，也有近千年的历史。这两棵银杏树被当地人称为“夫妻树”，每年的十月份前后，位于东边的雄性银杏树上枝繁叶茂，而矗立在西侧的雌树树枝上则会挂满丰收的果实，这一对“夫妻树”也象征了甜美的爱情和丰收的喜悦。所以在当地保存着新婚男女，前来祭拜古树的风俗，他们用这种方式祈求婚姻美满，爱情长久。

山东省庆云县 庆云的一张“绿色名片”——唐枣

山东省庆云县是中国金丝小枣的主要产地之一，种植枣树的历史十分悠久，至今这里还保存着明清时期所栽种的枣树林。一棵1600多年树龄的古枣树，龙干虬枝，耸立于这片枣林之中，就像子孙满堂的枣寿星，它是中国目前发现的最古老的一棵枣树，有着“中华枣王”的美誉。

这棵古枣树种植于南北朝时期，现在仍然生长旺盛，树高约6米，树围最粗处达4米。历经岁月磨砺，如今它的树干上长满了疙瘩，躯干部分腹鼓腔空，中空的树洞可容纳一个成年人的身体，虽然古枣树的躯干部分已经略显腐朽，但是枝叶部分生机勃勃，至今仍春抽枝叶，夏展绿荫，秋收红果。

在这棵枣树旁，立着一块石碑，上面书写了“唐枣”二字，唐

枣树林

唐枣的果实

朝距今1300多年，而这棵1600多年的枣树为什么会被叫作“唐枣”呢?

相传隋末唐初时，瓦岗寨的起义将领罗成将军当时正准备去会见唐国公李渊，商谈合作推翻腐败的大隋。由于行前准备较为匆忙未带礼品，路过庆云时吃到了这棵枣树上的甜枣后，决定将这些红枣作为礼品带给李渊，李渊和他的儿子李世民以及手下众将品尝之后，赞不绝口。经过这次“以枣为媒”的合作洽谈，最终达成了推翻隋朝的共识。

后来罗成战死沙场，秦王李世民做了唐朝的皇帝，吃腻了山珍海味的李世民，有一天突然想起了罗成曾经带来的红枣，便派遣官员前去寻找，并为这棵枣树赐名为“唐枣”。如今这棵“唐枣”虽历经千载风霜，依然每年结果100多斤，更加神奇的是，庆云县其他枣树的果实含糖量在60%左右，而这棵“唐枣”的果实却比

它们要甜很多，含糖量在 78%，维生素 C 以及其他微量元素的含量都比其他的枣子高。

“唐枣”的果实肉厚，皮薄，枣核小，口感格外香甜，当地人也不知其中的奥妙，不过随着“唐枣”的声名远播，其他地方的果农慕名而来，希望能将“唐枣”引种到别的地方，但是却很少有人成功。

据林业专家说，造成这种现象的原因在于庆云县有着得天独厚的自然条件。庆云县位于环渤海地区，年平均气温 12.4℃，气候温润，光照充足，无霜期年均 207 天，非常适宜枣树的生长。

庆云县的枣树始于魏晋，兴于明清。所以在明清时期就栽了大量枣树。现在除了 1600 年以上的唐枣以外，还有 200 到 300 年的枣树 2 万多株，形成一个巨大的古树群落。

中国人喜爱红枣的历史由来已久，枣树原产于中国，现在世界各国栽培的枣树，几乎都是直接或间接地引自中国。据考古发现，夏商时期遗址出土的容器中就发现有炭化的枣核儿，而早在 3000 年前的《诗经》中已有“八月剥枣”的记载了。在中国人心目中，枣象征着吉祥与幸福，是礼仪庆典上的必备之物。最常见的风俗是新人结婚时，德高望重的老人，会在他们的床头被角放上几颗枣，以求早生贵子，多子多福。

这棵 1600 多岁的“唐枣”，村民视之为老寿星，对它倍加爱护，平时有专人进行看护，在果实成熟的季节，也设有专人进行采收，

枣馍

唐枣

尽量不去损坏它的树体。采收下来的果实一般人是吃不到的，只有周围德高望重的老先生老太太才有资格吃。

如今庆云县以这棵“唐枣”为中心，结合周边的万株古枣树群建成了唐枣生态观光园，成为山东省的生态观光农业旅游示范点。这棵“唐枣”千百年间既滋养了当地的百姓，也衍生出了丰富的枣文化，今天又发展成庞大的产业，支撑着一方的经济。在当地人的眼中，这棵 1600 多年的枣树是庆云的一张“绿色名片”，是悠久历史文化的象征。

山东省
青岛市

三树一体的奇景
——汉柏凌霄

青岛市崂山的太清宫，是中国历史悠久的道观之一，它修建于西汉年间，距今已有 2100 多年的历史了。在道观中，有一棵和太清宫同龄的古柏，它是由太清宫的创始人张廉夫亲手栽种的，张廉夫被崂山道士尊为“开山祖师”，太清宫世代生活的道士们对于这棵老祖宗亲手种植的柏树爱护有加，使得这棵汉柏能够历经 2000 多年依然存活至今。

这棵汉柏树高 22 米，枝干苍古遒劲，像一条扶摇直上的苍龙直冲云霄。树围最粗处将近 4 米。枝叶扶疏，迎风招展，覆荫面积达到 200 多平方米。

古柏树

柏树是一种非常长寿的树种，2000 多岁的柏树在植物界并不足为奇，但是这棵古柏却与众不同，它的神奇之处在于主干上还同时生长出凌霄和刺楸两种树木，形成三树一体的奇特景观。凌霄的树龄 100 多年，它的藤蔓盘绕着汉柏的树干向上生长，直至柏树顶部，每年的 6 月到 9 月是凌霄的花期，一朵朵红色的小花，点缀在浓密苍翠的柏树叶之中，堪称一大奇景，因此称为“汉柏凌霄”。在汉柏的树干顶部，还有一棵十多年树龄的刺楸，树体矮小，隐藏在柏树和凌霄的枝叶中间，如果不仔细观察，很难发现。

在中国道教的传说中，盘古开天地时，一气化三清，天地中的混沌之气分化为元始、灵宝、道德三位天尊，是道教中最高之神。在崂山道士的眼中，这三树一体的奇景暗合着道教中三位一体的教义。远古的传说为这棵古树增添了神秘的色彩。

这棵柏树在 100 多年前曾经遭受过一次雷击，引起了火灾，树干被大面积烧焦，次年春天到来时，也没有萌发新芽，一度被人认为已经死亡，可是没过几年，奇迹出现，这棵柏树重新恢复了生机和活力。

劫后重生的古柏，在它的树干离地 10 多米处，竟然凭空生长出了一株凌霄，凌霄是一种藤本类植物，常攀缘于山石、墙面或树干向上生长，喜欢生长在排水良好，疏松的沙性土壤之中，可是这棵凌霄却不是生长在泥土之中，它从树干的中间长出来了，它的根深深地扎在了这棵古树中间。

凌霄的根直接扎在了柏树的树干之中，这一现象在生物学中被称为“寄生”。一般来说，一棵树上最多只能寄生一棵树木，但这棵汉柏身上却寄生了两棵不同的树种。刺楸是一种落叶乔木，一般可以生长到 10 米左右，但由于这棵刺楸是寄生在柏树身上，生长速度非常缓慢，如今树干才不到 1 米。

这棵汉柏要独立负担“一家三口”的生活并不容易，幸好青岛的气候非常适宜，为这三棵树共生提供了比较好的生态环境，再加上当地道士的精心管护，使得这棵树 2100 年以后还能形成这么壮丽的景观。

太清宫三面环山，一面临海，山峰挡住了来自北方的冷空气，南面又有温暖气流不时从海上送来，使这里具备了亚热带气候的一些特征。像竹子等许多在北方根本无法生长的南方植物，却能够在太清宫生存了下来，故有“小江南”之称。

山清水秀的自然景观在历史上吸引了无数文人墨客前来游览，清代作家蒲松龄就曾两次来到崂山，在汉柏凌霄旁的小屋内生活了一段时间。据说他在这里写《聊斋志异》时，有一次在屋中正写着，忽然没了灵感，随手推开窗看到了这棵树，看着这棵树正出神的时候，恍惚间仿佛看到一位道士穿墙而过，定睛一看，其实是道士为他送茶水的身影，所以他才在这里写下了崂山道士穿墙术的故事。

历史的传说、奇特的景观，使无数前来太清宫旅游的人们都会驻足在“汉柏凌霄”前，它不仅是崂山道教文化的历史见证，更是大自然赋予人类的一件珍贵礼物。

山东省枣庄市

吃石头的树
——千年青檀树

山东省枣庄市峄城区的西北部，有一道700多米长的青檀峡谷，一座青檀古寺坐落其中，寺中广植青檀树，千百年来，独特的青檀文化在此酝酿而生。

这是一株树龄超过1500年的青檀古树，因为生长环境开阔，它的树体高大俊秀，树冠枝繁叶茂，在周围几十棵古青檀中，风姿最为绰约，堪称“最美青檀树”。“美”这个特质，对于青檀来说别有意义，早在1700多年前，青檀之美就已名扬天下。

相传西晋时期，中国古代第一美男子潘安，在一次游历途中，走进了这座青檀寺。他不知不觉在一棵青檀树前驻足，端详许久后，被青檀树那种绰约的风姿所折服。他就感到跟青檀树一比实在是自愧不如，只能算青檀树的奴仆，于是为自己起了一个别号——檀奴。

青檀古寺

千年青檀树

潜伏的芽

潘安自贬为“檀奴”，后世人们将其演变为“檀郎”，成为女子对丈夫或所爱慕男子的美称。虽然当年令潘安折服的青檀树已经无处可寻，但是这棵千年青檀树却遗传了前辈的“美貌”基因。树干上有一块块突起，就好像男子身上健美的肌肉，在林业工作者们看来，这其实是青檀的一种自然生理现象。

每一棵树树干都有潜伏的芽，当萌发后就形成一个生长点，因人为因素，或者是自然的因素，这个芽去掉了，最后形成一个生长刺激点，它就随着时间的推移慢慢地生长，就比别的地方高出这么一块。

千年青檀树叶

这棵千年青檀树外形俊秀，却不是徒有其表之辈。据《峄县志》记载，青檀树有两块石碑上的古代诗词，描述当年宋南渡的时候岳飞和韩世忠驻守在台儿庄与金兵交战的史实，岳飞成日征战、积劳成疾害了眼疾。当时，岳飞来到青檀寺住下，青檀寺的方丈法聪和尚，和岳飞谈古论今，一见如故，还热心地为岳飞医治眼疾。法聪摘下青檀树的树叶，每天熬成水给他熏洗眼睛，结果把岳飞的眼睛给治好了。

原来，青檀树的叶子具有清热解毒的功效。此外，青檀树还是制作宣纸的最好材料，它的树皮纤维长而洁白，韧性极高，制成的纸张不易变形，可以长期保存，有着“纸寿千年”的美誉。不过，恰恰是这种用途，导致历史上青檀树被大肆砍伐，存世极少。中国古老而又集中连片的原始青檀林，就只存在于枣庄峄城的青檀峡谷。

1500 多年来，人们除了称赞它的外形之美，更钦佩它顽强、坚韧的生命力。它的根部看似是土层覆盖，其实几十公分以下就是乱石，它可以扎进几十米的石缝中。因为青檀敢与石头抗争求生存的特性，

树根扎入石缝

在峄城当地，人们为青檀起了一个特殊的名字——吃石头的树。

西汉时期，青檀寺中曾设有一个书院，学子都是富家子弟。当时，有一个寒门少年经常来偷听老师授课。老师感动之余就允许他随堂听课。结果一路下来，他的成绩远比富家子弟们优秀，因此受到了那些学生的排挤。心情苦闷之下，是青檀树坚定了他的意志。青檀树咬定青山、立定黄土、破石而出，在峭岩陡壁的夹缝当中，长成参天大树，这种精神着实令这位少年佩服得五体投地，于是立志要把青檀作为楷模和恩师来对待。

这个寒门子弟，就是著名的历史典故“凿壁偷光”的主人公匡衡，由于勤奋好学，曾经的放牛娃最后位极人臣，终成一代汉相。

岁月流转，时代更迭，青檀精神现在依然激励着一方百姓自强自立、奋发图强。曾经有人在此为青檀赋诗：千年古檀峭壁生，树奇石怪两峥嵘。盘根错节虬龙舞，不畏湍急不畏风。

江苏省南京市

“六朝古都”的文物——六朝松

南京是中国著名的历史文化名城，有着“六朝古都”的美誉，三国时期的东吴、东晋，南朝的宋、齐、梁、陈都曾在这里建都。千年之后，当年的宫殿楼宇早已无处寻觅，唯独留下了一棵当年栽植的松树，距今已有1500多年的历史。它记载了南京六朝的历史，所以人们称它为“六朝松”。

“六朝松”阅尽千年，已显现老态。它树高9.58米，主干被两根粗大的铁杆支撑着，远远望去像一位拄着拐杖的老人。因为曾经遭受过雷击，“六朝松”的树皮已裂成条状，大部分失去了生机，只剩下一小块完好的树皮输送养分，如今的“六朝松”就是靠着这块树皮来维持生命。由于树龄太大，“六朝松”的树干内部已经中空，为了保护它不被大风折断，里面浇注了砂石。尽管如此，“六朝松”顶部的四个小树冠上的枝叶却仍然葱翠茂密，显示出一股神奇的生命力。

六朝松树干

六朝松近景

说起“六朝松”的历史，它经历了众多磨难和波折，还历经了战火，能够幸存到今，堪为一个奇迹。

相传“六朝松”是在1500多年前由梁武帝亲手种植的。梁武帝在位期间特别喜欢自己的儿子萧统，希望他能继承皇位。于是在萧统所住的东宫旁边种下了这棵“六朝松”，希望他能具有松柏那样顽强不屈的精神。不过梁武帝在位47年，是南朝时期在位时间最长的一个帝王，他的儿子没有等到继承皇位的那一天就去世了。而“六朝松”却在这里逐渐成长，见证了一个又一个的朝代更迭。

“六朝松”被种下后的近100年时间里，它一直深藏于皇宫之内，直到公元589年，一场劫难降临到了它的身上。当时隋文帝杨坚发兵灭陈，攻入南京，下令烧毁皇宫，这场大火将皇宫的所有建筑付之一炬，但是“六朝松”却在火灾中侥幸存活下来，成为记录六朝历史最具有生命力的古文物。

之后，经历了皇宫禁院繁华盛景的“六朝松”从此再无人问津，屹立在一片废墟之上默默生长。直到790多年后，明朝在南京建都，“六朝松”所在之地才开始热闹兴盛起来。当时的最高学府“国子监”就设立在“六朝松”旁。明永乐年间，一部被誉为世界上有史以来最大的百科全书——《永乐大典》就在此编纂而成。不过这部《永乐大典》却在历史战乱中屡遭浩劫，两万多卷的成书大多毁于战火，至今只幸存700多卷。而“六朝松”却在当年见证了这部旷世之作的编撰过程。

直到 1902 年，在这片大明国子监遗址上开始建起了具有现代意义的高等学校。比如三江师范学院、两江师范学院和后来的南京高等师范学堂。1928 年，“六朝松”所在地又成立了国立中央大学，学科之全和规模之大为当时中国高校之冠。徐悲鸿、傅抱石、张大千等人先后到此任教。徐悲鸿就曾以“六朝松”为题材创作了著名的画作——《三松图》和《松马图》流传于世。可以说“六朝松”见证了中国近代教育史的发展。

据林业专家介绍，按照现代植物学的分类，名扬海内外的“六朝松”，准确的名称应为“六朝柏”。它是一株柏科圆柏属的桧柏，外形与松树相似，唯一的区别在于它们的叶子，松树叶如针状，而桧柏的叶片虽小而狭长，却是圆润的。不仔细观察很难区别，因此在中国古代，很多地方松柏不分，所以才会出现“指柏为松”的长期谬误了。

不过,如今是否要为“六朝松”正名已经显得并不那么重要，因为“六朝松”这个名字承载了那一段段厚重的历史和文化意义。“六朝松”如今所在地是中国著名的东南大学。“六朝松”如同一位阅尽世事沧桑的老人，张开有力的双臂，欢迎来自五湖四海的莘莘学子。在东南大学的校歌里有这样一段词“六朝松下听箫韶，齐梁遗韵在”。如今它不仅仅是一个校园文化的标志，更是一个城市历史变迁的亲历者，见证了这座六朝古都千百年来的沧海桑田和历史传承。

江苏省连云港市 风姿绰约、馨香四溢——龙凤流苏树

“树覆一寸雪，香飘十里村”。每到春末夏初时节，流苏树绽放满树白花，如覆霜盖雪，清丽动人。江苏省连云港市的云台山中，生长着中国最古老的流苏树，已有 980 多年的树龄，现在依然风姿绰约，每到花季，它都会吸引无数游人前来赏花、拍照。王三祥是这棵古树所在林场的工作人员，流苏花开的美景，让他百看不厌，赞叹不已。

每年在 4 月底至 5 月初开花，花期约 10 天左右。虽然这棵流苏树已经走过近千年的岁月，但每年依然会花开上万朵。高达 10 多米的树干苍劲挺拔，远远望去，好似一把被白雪覆盖的巨伞。漫步树下，馨香四溢，沁人心脾。更让人啧啧称奇的是，古树三分之二树冠花团锦簇，三分之一部分花朵明显稀疏。

龙凤流苏树

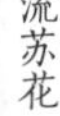
流苏花

流苏树分布十分广泛，北起甘肃，南至福建、台湾，中国的大多数省份都能看到它的身影。不过，在所有已发现的流苏树中，只有这一棵是雌雄同体。为了解开这个植物学上的谜题，当地林业专家进行了多次实地调查。

一颗雄性种子和雌性种子，两颗种子落在一起，一起发芽，一起生长，后来长到年龄大了，年代久了，这两棵树长成一体了。雌

雄同体的奇异景象并非只有花期才能一目了然，到了秋季结果时，这棵流苏树一边挂满果实，另一边却颗粒无收。因为拥有这种与众不同的特性，当地人也把它称为“龙凤流苏树”。

生活在这里的人对于流苏树有一种特殊的情感。历史上，流苏花曾是他们婚嫁时必不可少的装饰用品。汉代有一个风俗，就是姑娘出嫁时，一般都把流苏花作为出嫁的一种首饰，是一种高贵的象征。

以流苏的形式制作饰品，最早出现在汉朝，被称为“步摇”。据史料记载：“汉之步摇，以金为凤，缀五采玉以垂下，行则动摇”。这种装饰最初只有当朝权贵可以使用，后来才在民间流行，但它昂贵的价格，并非普通百姓可以负担。

过去，生活在云台山附近的女孩，如果出嫁时恰逢流苏树花开，就会在头上别着几十朵盛开的流苏花出门。流苏花花瓣细长，微微下垂，如同流苏装饰一般，有着富贵美好的象征。时过境迁，这样的风俗已经慢慢淡出了人们的生活，但是，对流苏花的偏爱却在当地世代相传。

在民间，“糯米花”是人们对流苏花的另一种称呼。云台山当地有一句农谚：“糯米花开，稻谷入秧”。流苏树花开之时，正值谷雨，是农民插种秧苗的最佳时期。乡亲们世世代代都在流苏树的指引下，把握农时，插秧育苗。农忙过后，

龙凤流苏花

大家就会开始制作一种特殊的饮品，这是当地一个延续千年的民俗传统。

从宋朝开始，云台山地区的人们就开始利用流苏树的叶子和花制作茶饮。采摘最好的时节当数清明至谷雨期间，早则无花苞、迟则叶老花开。糯米花茶的味道清香爽口，别具风味。赏花、品茶，这是乡亲们最惬意的时刻。

如今“龙凤流苏树”依然根深叶茂，长势良好，已经成为连云港市古树名木的一级保护树种。为了保护古树，人们不再采摘树叶和花朵，而是利用落下的花瓣制茶。人们希望这棵陪伴了他们几百年的“龙凤流苏树”，能够一直健康地屹立在这里，看着它的后代继续繁衍、生生不息。

扬州市 江苏省

南柯一梦——古槐树

江苏省扬州市老城区的一处古巷里，一棵历尽沧桑的古槐树默默伫立着。1000 多年的时光，在这棵老树身上印刻了岁月的痕迹。历史上，它曾经遭遇过无数天灾，树干多次被雷电击中，身躯只剩下 9 米多高、2 米多粗，是原来体形的一半左右。更加让人惊叹的是，古树的树干已经中空，只剩下薄薄的一层树皮，上面还有巨大的空洞，看起来触目惊心，目前整个树的养分通过韧皮部来输送。

相传这棵唐槐有 1030 多年到 1040 年的样子，历史上“南柯一梦”的故事就发生在这个地方。典故出自唐代著名的传奇故事《南柯太守传》，故事主人公是淮南节度使门下小官淳于棼，千年古槐树所在的地方，就是传说中他的居所。

古槐树

树干中空

相传，淳于棼常与朋友在槐树下饮酒，一天，他酒醉入梦，被两个使臣邀进一个树洞，里面晴天丽日，别有洞天，号称“大槐安国”。淳于棼无意中被国王招为驸马，不久，又被派往南柯郡任太守，权势越来越大，享尽荣华富贵，最终引起国王的猜疑，被遣而归。万般羞愤之时，淳于棼从梦中惊醒，发现自己还睡在槐树下。所谓的“大槐安国”不过是大槐树下的一个蚂蚁窝。经历此事后，淳于棼断绝酒色，做了道士。后来，明代戏剧家汤显祖，把这个故事改编成了著名的戏曲《南柯记》，使得这个典故广为流传。

扬州当地的文化学者韦明华，对“南柯一梦”的寓意颇有感触。他认为实际上当人在一个红尘滚滚、物欲横流的世界里，他能看穿名利的价值，从而看到生命的更远的意义。

传说中，淳于棼在大槐树旁建立了槐古道院，这也是人们探寻“南柯一梦”故事真假的重要依据。历史上，古槐树所在的地方确有一个槐古道院，又称槐荫道院，始建于唐朝。后来，道观被民居取代，

古槐树树干

只剩下这棵古槐树，独自讲述着“南柯一梦”的故事。

值得玩味的是，世间树木千万种，为何“南柯一梦”恰恰发生在一棵槐树下？这其中其实有着深层次的文化寓意。

槐树在中国古代读书人的心中，有着特殊的地位。历史上，三公之位称为槐位，三公九卿统称为槐卿，就连皇帝的宫殿也被称为槐宸。自唐代有了科举考试之后，槐又指代科考，考试的年头称槐秋，举子赴考称踏槐，考试的月份称槐黄。所以凡是有意功名的人家，都会在院中种上几棵槐树，企盼子孙后代登科入仕。正因如此，追求名利富贵最后却看破红尘的“南柯一梦”，才会发生在槐树下。

独特的文化内涵，引人深思的传奇故事，使得这棵千年古槐树，成为扬州市一道独特的历史文化风景，也成为当地林业部门重点保护的对象。

在人们悉心呵护下，千年古槐树依然生机勃勃，继续讲述着那段传奇的故事。而树下的听众，也会在古树的绿荫下，回味“南柯一梦”的故事，面对现实，感悟人生。

安徽省池州市

天下第一松
——九华山凤凰松

在安徽省池州市，有一座著名的佛教文化名山九华山，山上古刹林立、奇丽清幽。山上有一株南北朝时期的古松——凤凰松。虽然已有 1400 多年树龄，但仍然枝繁叶茂，苍翠挺拔。古松树围最粗处有 3.6 米，需要 3 个人才能围抱，虽然树高只有 7.8 米，但是树冠面积却达到了 240 平方米，奇特的造型让这棵古松闻名遐迩。

九华山凤凰松

凤凰是中国传说中的神鸟，又被称为“百鸟之王”，有吉祥如意的象征。在中国古代最早的词典《尔雅》的《释鸟》中就有对凤凰外形的描述，它拥有金鸡的头、燕子的下巴、蛇的脖子、龟的背以及鱼的尾巴。而造型奇特的古松与传说中的凤凰颇有几分相似。

古松树体扁平，离地3米左右一分为二。主干的枝叶向南生长，曲行上扬的姿态，犹如凤凰翘首挺立。而矮枝则向北平缓下延，直至垂地，像是凤凰的尾巴。同时在它的两侧又分出枝杈，分别向东西生长，形同凤凰的两翼，随风飘荡，无论是远观还是近看，都像是一只展翅欲飞的“凤凰”。而树下的大石头则被称为“凤凰蛋”。

九华山与山西五台山、浙江普陀山、四川峨眉山并称为中国佛教四大名山。相传唐玄宗时期，位于朝鲜半岛的新罗国王子金乔觉来中国求法，当他来到九华山时，就在这棵当时已经生长了200多年的凤凰松附近修行，金乔觉圆寂后，“肉身不腐，颜色如生”，僧众认定他就是地藏菩萨化身，九华山也因此成为佛教圣地，声名远播。如今，以凤凰松为中心，分布着30多座保存完好的寺庙。古老的凤凰松因此见证了九华山佛教文化的悠久历史，上千年的晨钟暮鼓、鱼磬梵唱也让古松尽享佛缘，每当落日之时，人们在凤凰松北侧，就可以见到神秘的“佛光”。

金乔觉

『天下第一松』景点介绍

历经 1400 多年的风、霜、冰、雪，凤凰松以其雄姿和传奇故事成为古今众多诗人、画家的创作题材。20 世纪 70 年代，中国当代著名画家李可染，就为它写下了“天下第一松”的美名。

以山水画著称的李可染，画遍名山大川、奇松异石，却唯独对“凤凰松”情有独钟。除了让人惊叹的造型外，更是因为它顶风傲雪、坚韧不拔的精神力量，以及它潜在的顽强生命力。

凤凰松属于黄山松，是一种生命力十分旺盛的树种，它通常生活在海拔 800 米以上，种子随风传播，即使是落在石头的裂缝中，也能生根、发芽、成长。它主要靠根系的分泌物来进行延伸，无孔

不入，一般来说，只要有缝隙，它就可以不断地向下延伸。

由于生长环境的恶劣，黄山松的生长速度异常缓慢，一棵高不过丈的黄山松，往往树龄就有上百年，但是它的根系却要比树干长几倍甚至几十倍，而这棵千年凤凰古松的树根更是盘根错节，密如蛛网。

绵延几十米的根须深深地扎在岩石当中，这也是凤凰古松虽阅世 1400 年却依然屹立不倒的原因。如今“凤凰松”已成为九华山重要的旅游景点，很多来九华山的游客都会在这棵古松前拍照留念。

离凤凰松不远处有一条龙溪河，是当地村民祖祖辈辈赖以生存的水源，当地村民认为这是龙、凤相互呼应，寓意龙凤呈祥、吉祥如意。因此，便把凤凰松当作“神树”来祭拜和保护。

凤凰松从最初身材矮小，没有价值的普通树木，逐渐成为当地村民心中吉祥的象征。到了现在，随着旅游业的兴起，这棵凤凰松又给村民们带来了财富和幸福生活。人们对于这棵古老的凤凰松更是倍加爱护，不仅修建了护栏，为它除虫去病。更是在每年的冬春季节，为它搭起支架分担冰雪的重压。所有这些，都让这棵千年古松青春焕发，更加生机勃勃。

浙江省诸暨市

村民的摇钱树——香榧王

在浙江省诸暨市的赵家镇，有一株1300多年的古树，这是中国已发现的最大的香榧树，被誉为“中国香榧王”。它树高18米，树围最粗处达到了9.26米，整个树冠如同一顶巨大的绿色帐篷，把树干包裹其中。由于它的发现，附近原本叫作“西坑村”的村庄改名为“榧王村”。

中国香榧王

香榧王果实

这棵香榧古树，走过13个世纪的光阴，一直是“养在深闺人未识”。直到2002年，浙江省林业厅对全省的古树普查登记，林业工作者们经过详细的测量和对比，确定它是已发现的最大的香榧树，于是为它命名“中国香榧王”！

“香榧王”所伫立的山坡，有一个特别的名字“马观音”。相传观音骑马云游到此，遇上大旱，老百姓没有饭吃，很穷很苦，观音想，天上的花园里面有一种榧树，结的果子又香又甜，可以充饥，还可以治病，是不是把它移过来，给老百姓解决温饱问题？于是上天和玉皇大帝商量，玉皇大帝表示同意，这棵榧树就移过来了，老百姓为了纪念观音菩萨，就将此地叫马观音。

品尝美味的同时，很多人并不知道，香榧树结果实属不易。榧王村当地流传着这样一句谚语——“千年香榧三代果”。在古代生产技术相对落后的情况下，一棵香榧树产果需要30年，爷爷种下去的树苗，到孙子辈才有收获。香榧树不仅生长缓慢，果实成熟期也十分漫长。一颗果实从孕育到成熟，需要两年半的时间，在所有的水果和干果中，香榧算是一个“慢性子”。不过，这种用时间积累出的味道，却能以每公斤400元的高价出售。而1300岁高龄的“香榧王”，它的果实更加美味。几百上千年的树龄，品质稳定，核薄肉厚，味道好极了。

香榧王有着独特的生存智慧。别的年轻香榧树每年可以长出七八根新枝，每根枝条长二三十厘米，但是香榧王却只长三四根新枝，每根枝条不超过10厘米。它放弃更高更大的外形追求，积攒出更多的生命能量，用来培育甘甜的果实。这样一种特殊的生长规律，用人类的视角解读，或许就是“有所舍，才有所得”。

香榧味美，但它的外壳却十分坚硬，吃起来并非易事，强行敲砸只会砸个粉碎，没有技巧是不行的。好在2000多年前的战国时期，中国四大美人之一的西施，已经替人们解决了这个难题。西施很聪明，她发现了大的这一边有两个白点，也叫两只眼睛，这个地方好像薄一点，所以她按住两个眼睛，一按就开了。因为是西施发明的，所以大家就叫它西施眼。

无论是在“香榧王”成名前，还是成名后，当地村民都一直精心地护理着这棵古树。以更细致的人工、更优质的水肥培育“香榧王”。现在，“香榧王”长势喜人，果实产量也从过去的不足50公斤，增加到130公斤。对

于养护人的辛勤付出，“香榧王”也给予了丰厚的回报。

在赵家镇，“香榧王”的周边还生长着2700多棵古香榧树，它们组成了一个庞大的古香榧群落，每年可为当地居民创收2亿元左右。由于当地经济与生态的良性循环发展，2013年，诸暨古香榧群被联合国粮农组织列为全球重要农业文化遗产。而在当地人看来，这份特殊的财富其实是祖上荫德。

1000多年前祖先种下的香榧树，既是后世子孙的“摇钱树”，也是他们敬仰的“神树”。人们感激祖先的馈赠，也传承着祖先的精神，不断地栽植新树，充实扩大香榧林。既为后世积福，也在美化河山，实现人类与自然环境的和谐共生。

密林深处，“香榧王”正在用时光和生命孕育大大小小的香榧，等待9月果实成熟的时刻……

香榧王树干

浙江省遂昌县

国家一级濒危植物——遂昌红豆杉

在浙江省丽水市遂昌县有一个神奇的村落——汤山头村。小村庄里黄泥黑瓦的房屋错落有致，挺拔、茂密的古树掩映其间。让这座小山村走进人们视野的正是这些生长了千年的珍贵古树——红豆杉。

红豆杉的古树群有22棵，散落在村里的各个角落，一些村民的房子就建在这些红豆杉古树旁，其中有棵1300年树龄的红豆杉生长在村落中的一个小土坡上，树体向东北方倾斜，树干十分粗壮，树围最粗处可达3米，在树干离地1米处一分为二，向左右两侧生长，树高20多米，冠如华盖，遮天蔽日，生命力极为旺盛。

红豆杉又名紫杉，也叫赤柏松，是和恐龙同时代的古老树种。200多万年前的第四纪冰川期，地球气候酷寒，绝大多数物种都没能逃脱灭亡的厄运，但红豆杉却艰难地幸存下来，成为珍稀的“活化石”。

汤山头村

红豆杉树

它也因此被联合国教科文组织列为世界珍奇濒危植物。1999 年，红豆杉被中国政府列入国家一级珍稀濒危野生植物保护名录。

能在一个村庄中发现如此多的红豆杉古树是非常罕见的。而在这个被红豆杉古树环绕的村落中，长寿老人非常多。村里的人们从来没有发现过癌症等恶性肿瘤，自古以来，就被外界称为“长寿村”。

曾以一部《牡丹亭》而享誉中国和世界文坛，被誉为“东方莎士比亚”的明朝著名戏曲学家汤显祖，也曾和这里的红豆杉有着一段不解之缘。据传说，汤显祖曾在遂昌担任知县，因积劳成疾，被送到汤山头村，在这座被红豆杉环绕的村庄中休养，很快就恢复了健康。传说已不可考，但是从现代科学的观点来看，红豆杉对周围环境的改善确实有益。

红豆杉不但能够吸收一氧化碳、二氧化硫、尼古丁、甲醛这些有害气体，同时因为它的树皮和枝叶比较粗糙、分泌物较多，能够过滤吸收空气中的细小颗粒，降低 PM2.5 的浓度。

呼吸着被红豆杉净化过的空气，对人体的健康大有好处。而且红豆杉还有一个更神奇的功效，20 世纪 70 年代，科学家成功地从红豆杉树皮和枝叶中提取出紫杉醇，并在 1992 年实现了大规模临床应用，如今已经成为世界上最有效的抗癌药剂，被誉为“保卫生命的最后一道防线”。让人遗憾的是，每 10 亩人工种植的红豆杉仅能提炼 1 公斤 1% 纯度的紫杉醇。即使将世界上现有的红豆杉全部砍伐，所提取的紫杉醇也只能挽救 125000 名癌症患者的生命。

虽然红豆杉具有极高的利用价值，但是资源却十分匮乏，目前全世界的野生红豆杉只有 2500 多万棵，分布在中国、美国、加拿大和印度等国家，其中中国的红豆杉储量最多，占全球总储量的一半以上，在云南、西藏、浙江、吉林等地都有野生红豆杉生长，虽然分布广泛，但是在自然条件下，红豆杉的繁殖能力非常差。

和大多数树木不同，红豆杉的种子自然脱落掉入土中是不会发芽的。红豆杉，树分雌雄，雌树每年 12 月结果，果实成熟后会吸引小鸟前来啄食，果肉被消化后，种子随粪便排出，在遇到合适的自然环境下才能够生根发芽。正是这种复杂的繁殖方式导致了野生红豆杉树濒临灭绝。而人工种植红豆杉起步较晚，红豆杉的成材期至少需要 50 年，所以目前全世界都还没有出现大规模的红豆杉原料基地。当人们还在为红豆杉的稀缺犯愁的时候，汤山头村的村民却独享着这一大片红豆杉古树林。

雌树果实

红豆杉枝叶

每到秋末冬初，红豆杉红果满枝，晶莹剔透，圆圆的红果挂满枝头，像一串串红灯笼装扮着山野……当地的村民会用红豆杉的果实泡酒，来招待朋友。

千年的红豆杉古树早已融入了汤山头村村民的日常生活中，对于这些红豆杉古树，他们倍加珍惜。

随着红豆杉的神奇之处慢慢被世人所了解，越来越多的游客慕名来到这里养生休闲。村里也在红豆杉古树下建起了农家乐，这些庇护了村民千年的红豆杉古树，又为小山村的发展带来了新的生机和活力。

浙江省景宁畲族自治县

一个家族的见证者——柳杉王

在浙江省景宁畲族自治县的大漈村，有一棵树龄1500多年的古柳杉，它是世界上目前已发现的最大、最古老的柳杉树，被誉为“柳杉王”。因为曾遭遇雷击和火灾，原本50米的主干被削短近一半，还剩下28米，13.7米的树围需要9个成年人才能围抱。最为奇特的是，树干的底部有一个形似家门的树洞，人可以自由进出。

林业专家赵沛忠曾研究过它的成因。柳杉木质较为疏松，1000多年的生长过程中，树心渐渐中空，形成了一个巨大的空洞。这个树洞直径有4.7米，面积大约13平方米，可以放下供十多人用餐的大桌子，抬头可以直接望到天。

在“柳杉王”15个世纪的漫长生涯中，前一半的历程已经无迹可寻，但后一半的生命，因为和一个古老家族的命运紧紧相连，成就了一段人与树的历史传奇。

大漈村

众人围抱的柳杉王

早在800多年前的宋朝，一个来自中原的梅氏家族，为了躲避战乱，走进了浙江景宁这片与世隔绝的山水中，发现了这棵枝繁叶茂的柳杉，梅氏祖先认定这里风水绝佳，于是安家落户，大漈梅氏家族由此开端。

梅东春是大漈梅氏第37代族人，从记事起，父母就常常带他来祭拜这棵古树，还反复为他讲述一个感人的家族故事。南宋初年，有一个6岁的孩子，在柳杉树下为其祖父守墓，他就是历史上著名的“孝童”梅元屃。

梅元屃的爷爷是大漈梅氏的第三世祖先，他之所以葬在这个位置，一是因为在大树边上，方便后人记住位置；二是希望后世子孙像这棵树一样枝叶繁茂，绵绵不绝。梅元屃和他爷爷感情很好，后来他就在这棵大树旁边为他爷爷守孝守墓3年。

梅元屃6岁守墓的事迹传到京城，感动了当时的皇帝——宋高

柳杉树叶

柳杉王树洞

宗赵构。他不仅封梅元质为“孝童”，还把他守墓的庐室赐名为“时思院”，意为“时时思念祖辈”。

从此以后，“孝乃为人之本”成为梅氏家训，“柳杉王”也成为梅氏家族孝道文化的见证者，受到族人的尊重。人们以树喻人，教育子孙做社会的栋梁之材。明朝年间，时思院更名为“时思寺”，梅氏祖先又在“柳杉王”的旁边，建起了梅氏祠堂。家族兴旺，在朝当官的就有 200 多人，其中有 9 位进士，23 位举人。

“读书识礼”“孝乃为人之本”，这样的祖训在大漈梅氏家族世代传承。一寺、一祠、一树的景观，也构成了当地一道特殊的文

化风景。特别是这棵“柳杉王”，因为见证了村落的发展史，见证了梅氏家族的繁衍史，而被当地百姓奉若神明。

虽然当地村民对它爱护有加，但1500多岁的“柳杉王”已经进入衰老期，如同一位年龄过百的老人，筋骨大不如前。现在，它的树身被钢筋和水泥柱里外固定支撑，给予它稳妥的保护。而为它筹划并实现这件事的人，他也许可以称为“柳杉王”生命中的一位知音。

梅林老人生前曾任当地小学校长。20世纪80年代，在他的努力下，“柳杉王”开始为外界所知，并被专家确认为中国最大最古老的柳杉。为了保护这棵有着特殊意义的古树，寻找一套切实可行的保护方案，梅林老人不顾八旬高龄，四处奔走。几番努力后，在各级政府和林业专家的支持下，最终如愿以偿，但是，就在他带着方案风尘仆仆地赶回大漈时，却遭遇车祸，生命陷入危急。

也许是得到了古树的庇佑，84岁的梅林老人，最终战胜了伤痛，恢复了健康。在此后9年中，他时时关注“柳杉王”的生长迹象，还作为义务讲解员，向来自各地的游客介绍“柳杉王”和大漈梅氏家族的故事，直到生命的最后时刻。

一棵古树，一个家族，一个村落，一片山河。人类的生存和繁衍，离不开自然界一切生命的陪伴和依托，它们和人类一起，实现着自然生态和文化生态的循环与更新。“柳杉王”与梅氏家族的故事，包含着万物有灵的信仰，更包含了人与自然和谐共生的智慧。

浙江省舟山市

不再孤独的王者——鹅耳枥

浙江普陀山是中国著名的佛教名山。在它的佛顶山上，生存着世界上仅此一株的普陀鹅耳枥。这棵树高 13.5 米，树龄超过两百年，树干底部被土层掩埋，两个分枝露出地面，外表看起来朴实无华、貌不惊人，但在植物学界，这棵树却是一个传奇。普陀山园林管理处林业工程师欧丹燕称：1930 年 5 月林学家钟观光教授发现了这个树种，1932 年，郑万钧教授把它鉴定为新种，命名“普陀鹅耳枥”。

鹅耳枥属桦木科，全世界共有 40 多种，中国有近 30 种，分布广泛。但这株鹅耳枥发现时，植物学家在中国范围内都没有找到与之特性完全相同的树种，于是被单独命名为“普陀鹅耳枥”。由于全中国独此一棵，在发现后不久，它就被列为中国一级保护植物。

普陀鹅耳枥

鹅耳枥叶

随着普陀鹅耳枥的发现，它的来历成为了焦点。普陀山当地传说这棵古树是在清朝嘉庆年间，一位缅甸僧人受到普陀山佛教文化的吸引，远道而来，进香求法。为了表达对观音菩萨的虔敬，他还特地带来家乡的树种，种在了佛顶山慧济寺的门外，于是就有了这棵普陀鹅耳枥。种树爱树，自古就是佛教的传统，因为佛的诞生、成道、涅槃都在树下，而且树在佛教中，代表着智慧。这是普陀开山供佛之始，此后，普陀山名声渐起，香火日盛，全国各地甚至亚洲各国的僧人和香客频频造访。

普陀鹅耳枥发现后，人们按照传说的指引前往缅甸和尼泊尔等南亚国家寻找这个树种，结果一无所获。植物学家分析发现，普陀鹅耳枥之所以踪迹难寻，是因为它的自然繁殖能力非常弱。虽然是一种雌雄同株的植物，但是它的雄花和雌花开放时间不同，雄花 4 月上中旬开放，雌花 4 月下旬才开放，花期重叠的时间仅有短短几天，所以授粉困难。

此外，普陀山属于亚热带海洋性季风气候区，鹅耳枥果实成熟的季节，雨多风大，果实还没有成熟就被吹落，所以母树下面从来没有发现过自然繁育的幼苗。

两百多年间，这棵普陀鹅耳枥如同一个孤独王者，屹立于佛顶山上，它不仅见证了普陀山四季晨昏，风霜雨雪，也在寺院的晨钟暮鼓、鱼磬梵唱中尽享佛缘。过去，普陀山以“普陀三宝”闻名，分别是元代古塔多宝塔、摹刻了唐代画家阎立本所绘观音大士像的杨枝观音碑、以明代皇宫琉璃瓦和九龙藻井拆建而成的九龙殿，现在，因为普陀鹅耳枥的发现，“普陀三宝”变成了“普陀四宝”。

鉴于它的文化意义和植物学价值，从上世纪80年代初，林业工作者就开始进行普陀鹅耳枥的人工繁育实验，这个过程可以说困难重重，仅从寻找树种这一项工作就可见一斑。据舟山市林业科学研究院的高级工程师俞慈英称：100粒种子只有2粒到4粒才是饱满的，其余90多粒是空壳。所以它饱满的程度就只有2%到4%。饱满的种子我们再经过处理，给它播种、育苗以后，它发芽率就只有20%。经过几十年的努力，人们终于掌握了新苗的多种繁育方法。目前，人工培育的普陀鹅耳枥种苗已经超过上万株。在佛顶山的山顶，也栽植了79株第一代子树，树龄已经超过30年。在母树的周围又扩大了一些数量，称之自然回归，以此尽量创造跟它母树同样的生态环境，更有利于保存遗传基因。

2011年9月29日，中国的“天宫一号”目标飞行器升空。在这次“太

人工繁育的树种

空旅行”中，普陀鹅耳枥的种子也被带入太空，科学家们希望通过太空特殊环境的诱变作用，使树种发生“变异”，从而提高植物的繁育能力。

无论是太空育种试验，还是人们业已完成的科学攻关，都是为了挽救普陀鹅耳枥这一濒危物种，让它继续留存在地球上。但是，真正帮助一个物种脱离濒危的状态，需要几代人的努力，历经一个漫长的过程。作为唯一的野生母树，这株普陀鹅耳枥还要耐心地等下去，值得欣慰的是，它已经不再孤独。

浙江省丽水市

路湾村的“大家长”——千年古晋樟

浙江省丽水市路湾村，有座为一棵古树专门修建的园子——晋樟园，园中这棵超过 1600 岁的古樟树，正享受着文物级的保护。

这是浙江省最大、最古老的樟树，相传为晋代所植。树高 21 米，树围最粗处近 14 米，整个树冠面积达到 800 多平方米。

路湾村的这棵古樟树，似乎是整个村庄的“大家长”。千百年来，无数人来到这棵树下，享受阴凉，祈求幸福。大家相信，这千年的身躯内，一定有某种灵性存在，所以它才有了那么多福泽一方的传说故事。

在中国民间，为了保佑孩子平安长大，父母会在自然界为孩子物色一位“干爹”或“干娘”。可以是山、可以是河、可以是石、

千年古樟花

可以是树，但无一例外都要是长寿不衰的象征。这其中，拜古树最为普遍，因为树和人一样，是一个看得见成长的生命，又与人毫无距离地相依相伴。这棵古樟树，走过一千多年的岁月，到底收下了多少“干儿”“干女”，可惜没人帮它记录下来，不知道它自己是否记得……

樟树散发的香味有驱虫的效果，能够避凶趋吉，保护村庄平安，历史上，人们把古樟树视为去病消灾的“守护神”、保佑村庄的风水树。在江南一带，许多村落的村口都可以看到古樟树的身影。中国有 84 座村庄以樟树命名，有 37 座城市把樟树定为市树。

虽然路湾村的名字里没有樟树的字眼，但是这里的村民对古树的感情却矢志不渝。过去，曾有一个外地商人来到这里，出高价要买走这棵古树，但是无论他如何加价，村民们都坚决不卖。他们认为这棵大树是活的文物，是历史的见证。它不但有观赏价值，还有科研价值，更是一方文明的标志。

从保护古晋樟开始，浙江省林业部门在例行的古树保护工作之外，对全省的古树名木，进行了一次更为系统、更加细致的实地调查。已知的古树名木被重新测量、登记，更有为数不少的古树被发现，纳入保护名单。

也是在那时候，古晋樟的树身得到加固，当地林业部门还特地做了一根水泥桩，为它支撑身躯。远远望去，古晋樟如同一位拄着拐杖的老人，站在瓯江岸畔，感悟逝者如斯。

千年古樟

千年古樟树干

千年古樟叶子

2006年，由于城市的发展需要，丽水当地计划在瓯江下游修建水电站。为了保护古树的生长不受影响，根据林业专家的意见，当地政府拨款400万元为古晋樟修建防水围堰。在修建围堰的过程中，众多村民主动捐款、出力，人们各尽所能，向古树表达自己的“反哺”之心。

走过1600多年的岁月，这棵古老的樟树，经受了考验，播撒了福祉，也收获了一代又一代村民的感恩和祝福，人与树相依相伴，树与人何其幸哉！

福建省漳州市

夫妻树
——云水谣大榕树

在福建漳州有一个叫作云水谣的千年古镇，这里山清水秀，宁静质朴。2006年，一部讲述跨越海峡两岸爱情故事的电影《云水谣》，把这个静谧的古镇带入了人们的视线。

在云水谣，最引人瞩目的就是随处可见的大榕树，其中最著名的就是村口河边的两棵千年古榕树，当地人称它们为“夫妻树”。两棵古榕树分别挺立在河岸的两侧。雄树遮天蔽日，郁郁葱葱，树高29米，树围10.7米，树荫占地面积近2000平米，婆娑的榕叶笼罩着河岸，就像一座绿色的小山，树冠之大，树叶之浓，把偌大的河岸遮去了“半壁江山”。而河对岸的雌树则清秀雅致，挺拔俊逸，静静地矗立在河边，仿佛在诉说着分离的相思之苦。

关于这两棵“夫妻树”，在当地流传着一个凄美的传说。

有一对夫妻因生养了一大群儿女，生活艰难穷苦，男人决心外出打工，女人在家看管儿女。夫妻舍不得分开，于是就想了一个办法，挖了两棵小叶榕一起种下，种下两棵树以后，男人就走了。出门闯荡的丈夫，离开家乡后就没了音讯，妻子用心呵护着这两棵象征着爱情的榕树。没想到奔波在外的丈夫却

客死他乡，不知消息的妻子一直默默地守望着这两棵树，直到生命的尽头。后来当地的人们就把这两棵大榕树，视为坚贞的爱情象征，称其为“夫妻树”。

如今，每当有游客漫步在云水谣的河边，看到那隔水相望却不能牵手的千年雌雄古榕树时，还能感受到那种隔不断的相思和淡淡的乡愁。

在云水谣，一共分布有十几棵形态各异的大榕树，形成了一个气势宏伟的榕树群。这些榕树树龄大都在千年以上，而且每棵都枝繁叶茂。

榕树适合在高温多雨、空气湿度比较大的环境下生长，它的侧枝和侧根都非常发达，哪里有水，哪里有养分，它就伸到哪里。正

云水谣大榕树

雄树

雌树

是因为有了充足的养分，云水谣的古榕树群才会生长得如此茂盛，高大挺拔的树干给人一种威严、神秘的感觉，而随风飘扬的树须则让老榕树平添几分“仙气”，在当地许多村民的心目中，榕树是最有灵气的“神树”。小孩儿如果经常生病，父母就会让孩子认榕树公干爸、干爹爹，从此身体康健。

对于许多福建人来说，榕树不仅是一种在家乡随处可见的树木，更是他们心目中难以磨灭的家乡印记。村中的古榕树就是他们童年、少年时期的玩伴，兄弟分家都会把榕树写到分家的契约当中，他们会把榕树作为家人一样看待。

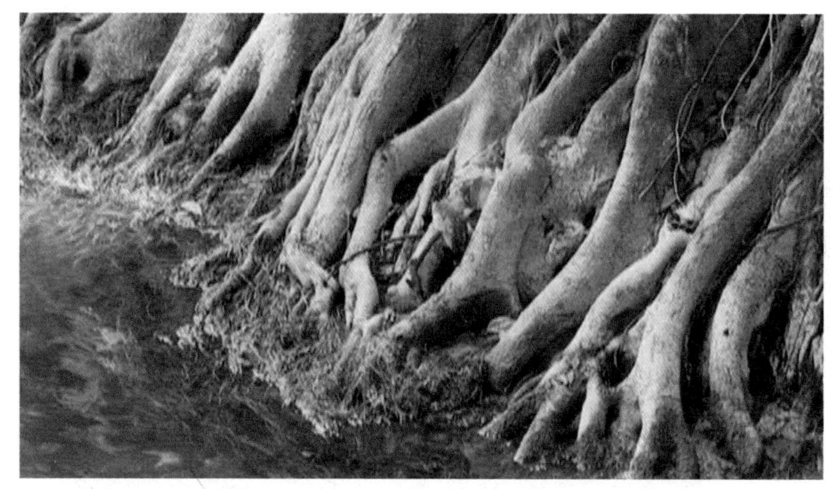
大榕树根系

由于自古以来就有“下南洋”的传统，福建地区有许多著名的侨乡。对于海外游子来说，当年离开家乡时，村口矗立的大榕树，所代表的就是他们心中难以割舍的那一抹乡愁。他们一步三回头，回头望村落的时候，看到家乡的榕树郁郁葱葱，生机勃勃，就情不自禁流下激动的眼泪。

黄文广，是一位祖籍漳州的台湾人，今年 60 岁的他，几年前回到了故乡，在云水谣附近开了一家咖啡馆。对于从小就出生在台湾的黄文广来说，他对故乡最初的感受，就是父母口中那棵念念不忘的大榕树。

在云水谣，土楼和大榕树，是许多海外游子和台湾同胞对家乡最深刻的印象。如今，每年都会有数以万计的海外侨胞来到云水谣，来到榕树下，寻根问祖，追忆往昔，家乡的大榕树则一如既往地迎接着远方的游子。

福建省漳州市

“枝枝朝北”——清水岩古樟树

在福建省泉州市安溪县的清水岩，有一棵古老的樟树，树龄已近千年，但是枝叶依然生长得十分茂盛，郁郁葱葱，遮天蔽日。这棵古樟树高 31 米，树围最粗处接近 7 米，在树干离地 4 米处，主干一分为二向上生长，但是令人称奇的是，不管哪根树干上生长的枝条，都是朝向北方倾斜。因此这棵树也被称为“枝枝朝北”。

在这棵古樟树的一侧，是一座宋朝时期建造的三忠庙，里面供奉着岳飞的雕像。岳飞是南宋时期著名的军事家，也是深受人民爱戴的民族英雄，当地人认为，这棵古樟树之所以会形成“枝枝朝北”的景象，是因为它在用自己独特的方式，向这位英雄人物表达着敬意。

对于南宋时期的很多人来说，北方意味着故土所在。南宋初年，

安溪县清水岩

三忠庙

老樟树

原属宋朝的中国北方大片土地，被金兵所占，无论是皇亲国戚，还是官员百姓，很多人都被迫迁徙到了南方，这棵被称为“枝枝朝北”的大樟树也就变成了人们思念中原故土的寄托。

古老的传说承载着南迁的人们对家乡的情感。然而在中国，枝叶全部朝北生长的树木十分罕见，这种现象的出现是有一定科学道理的。因为树的南向被高山挡住了，所以光线不足，北向地势开阔，光线比南向更充足，所以这棵樟树的北向树冠生长更为茂盛。

千年古樟树的奇特外形，让人们为之惊叹，而它的来历更是不同寻常。据史料记载，这棵古樟树，是清水祖师在近千年前，亲手栽种的。

清水祖师也被称为“祖师公”，生于福建永春，自幼落发为僧，在世期间，他修桥造路、行医济民、祈雨驱灾。圆寂之后，他被民众奉为神灵，和妈祖、保生大帝、光泽尊王并称为闽南地区的“四大民间信仰”，在海内外拥有数千万的信众。特别是在中国台湾省，由于闽台文化一脉相承，很多民众信奉清水祖师，为他建立的庙宇就达到500多座。而由清水祖师自己所创建的庙宇，就只有清水岩一座。清水祖师建造清水岩的时候，在周围种植了许多的树木，其中就有这棵被后人称为“枝枝朝北”的大樟树 。

也许当时清水祖师就已经意识到了保护生态环境的重要性，他一生喜好种树，并将“广植禅林”的理念广泛传播。

樟树四季常青，树体散发清香，从樟树中提制的樟脑和樟油，有驱虫的功效，它的木材质地坚硬美观，常被用来制作家具。

在闽南地区，人们喜欢用樟木雕刻佛像。因为樟木软硬适中，不易变形，通常用它制作的佛像，能够保持千年不朽。如今就用这棵古樟树树枝雕刻了清水祖师像，供奉在清水岩岭东村的一个分庙里。

枝枝朝北

清水祖师过世之后，清水岩的历代僧人，延续了他“广植禅林”的传统，在清水岩四周种植了大量的树木。当地的居民们也深受感染，自发地加入到了植树造林的行列中来。

经过千百年的时间和一代代人的努力，如今，清水岩已经成为一座植物的天堂。在这里，春来绿无涯，炎夏林成荫，到了寒冬，则是松柏长青，这使得当地的环境和气候有了巨大的改善。

前人栽树，后人乘凉。清水祖师在千年前亲手栽下的这棵古樟树，阅尽世事沧桑，如今依然生机勃勃，绿意盎然，成为清水岩中一道独特的风景。

福建省武夷山市 气味清、兼骨鲠——武夷山大红袍

在福建省武夷山的九龙窠，一面陡峭的崖壁上，生长着6棵370多年树龄的古茶树，它们没有伟岸的身姿，和普通的树丛类似，这是中国茶树中的传奇——大红袍。

20世纪80年代以前，世界上仅存这6株大红袍茶树，每年所产的茶叶不过七八两。因为品味上乘，弥足珍贵，它被当作国礼赠与外宾。当时毛泽东主席，从全国各地精心挑选礼物，最后他选中了武夷山的母树大红袍，送了4两给尼克松总统，当时尼克松总统有点不解。这个时候周恩来总理跟尼克松总统讲，这个茶叶年产不足8两，送了4两给你，把这个茶叶的“半壁江山”都送给你了。

因为“半壁江山”的典故，“大红袍”愈发闻名遐迩。它的优异品质从何而来，也成为人们津津乐道的话题。“茶圣”陆羽在《茶经》中写道：“茶之质地，上者生烂石，中者生砾壤，下者生黄土”。

武夷山大红袍

大红袍茶园

所谓“烂石”指的就是大红袍着生的这种风化土壤。因其矿物质含量丰富，透气性好，所以特别适宜茶树的生长。

大红袍喜阴不喜阳，但光照不足又影响它的光合作用，在这方面，大自然拿捏得恰到好处，由于两侧崖壁的遮挡，大红袍每天只享受 4 小时的光照，正好满足生长所需。此外，山谷峭壁为大红袍提供丰富的营养，还有甘甜的山泉为其浇灌。

作为一个茶树品种，大红袍出现在文字记载中，时间远远早于现存 6 株母树的树龄。关于“大红袍”这个名字的由来，当地也流传着很多故事，有“皇帝治病说”“县丞祭茶说”“猴子采茶说”等等，其中流传最广的是“状元报恩”的故事。

在大红袍的不远处，有一座千年古刹——天心永乐禅寺，相传明朝洪武年间，一位叫丁显的举人进京赶考，路过这里时患病倒在路边，幸好被天心寺的僧人救起，以大红袍的茶水调养身体，使其转危为安。后来丁显高中状元，回到天心寺向僧人报恩。僧人说是茶叶救了他。丁显看完茶叶之后，特别感恩，就把身上穿的状元袍脱下来披在茶树上，后来僧人就让丁显给这个茶叶取个名，于是就把这个茶命名为“大红袍”。

比大红袍的名字更加耐人寻味的，是大红袍的味道。明朝永乐年间，大红袍成为皇家贡茶，年年入京。到了清代，乾隆皇帝也对它赞誉有加，在《冬夜煎茶》中写道：“就中武夷品最佳，气味清和兼骨鲠。”由于曾是皇家贡品，几百年间，这六棵大红袍母树被严格看护。到了 20 世纪 30 年代，还曾有一个排的兵力驻守在九龙窠，所以这六株母树的茶叶在民间鲜有流传。2006 年，当地政府对

天心永乐禅寺

六棵母树实施停采养护，因此大红袍的滋味，仅存于少数人的记忆中。

它的香气和滋味与众不同，带着一种朴素、沧桑的感觉。无性繁殖的后代大红袍，氨基酸含量偏高，糖分含量也偏高，老树越老越甜。

300 多年来，这 6 株大红袍茶树就在悬崖峭壁上，安守寂寞，用时光和生命酝酿茶中极品。在品味大红袍独特茶韵的同时，武夷山茶人的最大梦想，就是从大红袍母树引种，培育新株，广泛种植。1985 年，陈德华偶然得到了 5 棵珍贵的大红袍幼苗，经过精心培育，获得成功。武夷山大红袍到底有多少亩，不管他讲几千几万，都是这 5 棵发展起来的。

经过 20 年的种植推广，武夷山已经拥有 40000 多亩大红袍茶园，年产量超过 2000 吨，普罗大众终于有缘感受大红袍之真味。而这 6 株母树，也终于得以开枝散叶，成就一个茶种的传奇。

“汲来江水烹新茗，买尽青山当画屏。”茶，对于中国人来说，从来不是一味饮品那么简单，它隐喻着一种人格修养，象征着一种精神风貌，也昭示着中国人的文化品位。

福建省福州市

闽刹之冠——千年古枫香

在福建省福州市的鼓山上，坐落着一座千年古刹——涌泉寺，它被誉为“闽刹之冠”。寺庙里，一棵古老的枫香树与古寺相依相伴，已经走过千年。这棵挺拔的古树高 20 米，树围最粗处超过 6 米。早在 19 世纪七八十年代，它的形象就被西方人收入了照相机的镜头。

枫香树俗称枫树，因其树叶形状类似枫叶，并且树脂具有特殊的香味，故而称为“枫香”。1870 年至 1890 年间，一群西方人带着发明不久的相机来到鼓山，他们用镜头记录了古枫树环抱的寺庙建筑群，留下了鼓山古枫香树的珍贵图像资料。早在 1000 多年前，人们就已经发现枫香树耐高温的特点，于是把它种在建筑物的四周，用于防火。

涌泉寺

千年古枫香

历史上，这座古刹确实几经战火，因为枫香树的关系，灾情有所削弱。而身居寺内的这棵千年古枫香，历经几次火灾而得以存活，让人不得不佩服它的顽强生命力。

1961 年的 2 月 4 日，朱德来到涌泉寺参观，经过这棵枫香树时，询问陪同的僧人，寺里是否种有兰花，僧人回答没有，朱德听完将信将疑。众所周知，朱德元帅一生酷爱兰花，对兰花的香味自然有着超出常人的敏感。他在这棵树下观察了一阵子，说兰花长在这个树上面，普雨师父当场就叫了两个师父上去，结果真的采摘下了一丛兰花。清雅的兰花，竟然着生在这棵千年古枫香上，而且长势极好。如果不是朱德元帅发现，也许会一直被误认作野草。后来，当地林业工作者对兰花和枫香的寄生关系进行了研究，发现它们之间存在着一种巧妙的平衡。

枫香是落叶树种，它落叶的时候大概在秋季，这个时候正好是

寄生在枫香上的兰花

千年古枫香树皮

兰花的花芽风化时期，所以给予了兰花非常好的花芽风化需要的阳光。而且枫香随着树龄越长，它的纵裂的深度越深，兰花是肉质根的植物，它的肉质根就可以顺着枫香树纵裂的树皮生长在里面，从中可以汲取水分和少量的营养。

有了兰花的装点，这棵千年古枫香一年四季皆成风景，但是它最美的时候，还是在深秋时节。秋意袭来之时，枫香树的叶子由绿转黄，变成橙色甚至红色。这是中国历代文人眼中最美的秋色。最经典的描绘来自唐朝诗人杜牧的诗句，“停车坐爱枫林晚，霜叶红于二月花”，他的笔下枫叶红艳似火，充满了热情和浪漫的气息。

枫香本身树叶里面含有一些化学成分花青素，花青素在低温状况下它会产生一些色彩的化学变化，于是就产生了红叶、黄叶。枫香的树叶、树根、树脂都可入药，有解毒消肿、祛风止痛等作用，在缺医少药的年代，它就如同一个“绿色药房”，为僧人和地方百

枫香树干上长的菌

姓治病疗伤。除了有药用价值，枫香树还能为僧人们提供拈香敬佛时的香料。把枫香树的树脂和树干碾成粉末，燃烧时会产生类似檀香一样的提神效果。

如今，为了保护这棵古树，涌泉寺已经不再采集它的树脂。奇妙的是，停采后，当年取树脂的树洞，竟自然长出了菌类，像一块天然的屏障，阻挡了虫蚁的侵害。

千百年来，这棵千年古枫香因涌泉寺而生，默默地奉献着自己的价值，保护了一方水土和民众的平安。人与古树、古树与自然、自然与人类之间，形成了共生共荣的和谐关系。因为人们对自然的敬畏之心常在，对古树的感恩之心常在，这样的和谐会一直延续下去，长盛不衰。

福建省建瓯市

树茂人昌——千年含笑树

每年冬季，福建省建瓯市的这片山谷中，到处弥漫着浓郁的兰花香味，这里没有兰花，味道来自福建含笑树。在埂尾村的村外，生长着一大一小两棵福建含笑树。这棵1000多年的大树高31米，树围最粗处6.4米。过去，因为它的树皮酷似杉木皮，当地人叫它“韧皮杉”。1981年，福建农林大学的郑清芳教授，在一次野外考察时，偶然间看到这棵大树，经过研究，确定它是植物学中的又一新物种。这是目前发现最大的一个比较古老的树种，属于木兰科含笑树种，因它首先在福建发现，所以叫福建含笑。

每年的隆冬季节，是含笑树的花期。它的花开而不放，笑而不语，有含蓄和矜持的寓意，因而得名“含笑”。古代诗人曾形容含笑树：“自有嫣然态，风前欲笑人。涓涓朝露泣，盎盎夜生春”。

福建含笑树

福建含笑树花

福建含笑最大的特点就是花特别香，兰花香型的。虽然这棵福建含笑树被命名的时间很短，但是在埂尾村，数百年前人们就已经把它奉若神明，无论逢年过节，还是平常日子，都会有村民前来祭拜祈福。古时候，中国南方湿热地区瘴气多发，医疗卫生条件落后，人的生命时常受到威胁，脆弱无助的时候，就把郁郁葱葱的古树作为祈祷和寻求庇护的对象。所以中国的很多村落一般都会有古树伫立，它们是长寿、吉祥的象征。

“山光光年荒荒”，树林被砍得光光了，水土保持得差，田就没有水，颗粒无收，导致“年荒荒”。出于对树木价值的深刻感悟，就在这棵树的附近，当地人还创造了一个自然界的传奇。

这个村庄名叫浉村，村里七八成的百姓都姓杨，这是一个古老的大家族。660 年前，建瓯发生大饥荒，老百姓无以为生，危在旦夕。村里一位名叫杨达卿的乡绅，家里谷物充足，准备开仓赈灾。但他担心接受施舍的人有愧耻之心，踌躇之时，他看到村里村外、山上山下的大树，于是有了一个奇思妙想。考虑到用植树赈灾这个办法，到山上去种一棵树，拿一袋谷黍雇人种植。

杨达卿帮助乡亲们度过灾年后，又过了 20 年，人们种下的树苗已经郁郁葱葱，蔚然成林。当地府志上记载：“随山之高下曲直，皆有木矣。逾数年，木长茂，望之蔚然成林，既之森然成列。”由此，这座山就被叫“万木山”，这片树林被称为“万木林”。为了保护这些树木，杨达卿不仅和乡亲们达成“民约”，还对其家族立下了严格家训。

“储山之木，誓不售人”，不肯卖，也不可以采伐，唯有建桥梁，盖庙宇，开祠堂。很穷的人没有房子住，可以给他砍，很穷的人死掉，没有棺材，可以给他挖一根去，不要钱的，祖孙世世代代保护下去。

“积善之家，必有余庆”，营造万木林的杨氏家族此后人才辈出，涌现了 7 位尚书，辅佐了 4 朝皇帝。杨氏家族的故事，也令当地人明白一个道理——“树茂人昌”，所以爱护森林、保护古树的观念愈发深入人心。有了这样的民风，包括千年含笑树在内，众多古树得以安然存世。

含笑树有着笔直的树干，细腻的材质，树身少有结疤，所以被认为是难得的“栋梁之材”。但是，人们出于对古树的崇拜和尊重，在建瓯当地，即便含笑树寿终正寝，也不会被随意变卖，而是捐献给庙宇，用于雕刻佛像。泉州玄妙观的玉皇大帝像、武夷山天上宫的妈祖像，都是采用含笑树的树干制作而成。人们把对古树的崇拜，用另一种形式保存下来，让人们心中的树神和天神合二为一，更加显现彼此的神奇。

千年含笑树以及“万木林”中鳞次栉比的古树，彰显着“前人种树，后人乘凉”的传统美德，透射着中国人追求“积德”“积善”的家风。它们滋养大地、荫及万民，堪称一座座令人仰视的“绿色丰碑”。

第四章

翠色常青的植被天堂

华南地区

广东省江门市

独木成林——“小鸟天堂”

在中国的小学四年级语文课本中有一篇散文，叫作《鸟的天堂》，这篇文章仅用800多字就生动地描绘了一幅神奇的自然景象，让无数人在品读后内心产生向往。

这处奇异的自然景观位于广东省江门市天马河的河心沙洲上，遥望之下，茂林一片，静卧在河中央，覆盖了一万多平方米的河面，相当于一个半足球场大小。因林在水中，人迹罕至，群鸟栖息，被誉为“小鸟天堂”，但是让人不可思议的是，这么大面积的一片树林，竟然只是一棵树形成的。

“小鸟天堂”属于细叶榕，广泛分布于中国南方沿海，以及东南亚地区，是一种生命力十分旺盛的植物。在它所有的特质中最令人惊叹的一点就是独木成林。因为这种榕树有一种气根，像老头胡

天马河

上千只鸟盘旋空中

须一样。气根的作用是通过吸收树干里面本身的营养往下长，时间长了之后气根会长粗长大，以后逐渐成为一个树干。

如今“小鸟天堂”里，由气根形成的枝干多达数十万根，它们生生不息、盘根错节，常人难以涉足其中，因此最初的那棵母树现在已经无从寻觅。

穿行其间，流苏状的气根密密麻麻，随处可见，就像进入了一个挂满垂帘的空间。这些气根，大部分都已扎根土壤，为“小鸟天堂”的腹地形成一道天然的保护屏障，引来三万多只野生鸟类在这里筑巢栖息，这也让它成为了世界著名的天然赏鸟乐园。

虽然现在“小鸟天堂”已经闻名遐迩，但在80年前，这里还是一处世外桃源，不为外人所知。直到一个人的来访，才让这里的美飞出了乡间，飞向了世界，他就是《鸟的天堂》的作者巴金。

巴金原名李尧棠，是20世纪中国著名的文学大师，也被誉为“五四”新文化运动以来最有影响力的作家。他受朋友之邀来雀墩（当地人指鸟巢的意思）游玩，第一次来到这里时，并没有留下太

深的印象，反而失望而归。因为当时正值中午，白鹭已经飞出去捕食，而灰鹭羽毛颜色灰黑，站在树上休息，不经意很难察觉。就在巴金准备启程去往别处时，他途中又再次路过雀墩，那一次雀墩没有再保持“沉默”，而是漫天飞舞，构成了一道世间罕见的风景线。大自然的魅力让巴金震惊。回到上海后，写下了散文《鸟的天堂》，这篇散文给当时的文学界吹来一阵清风。

20 世纪 30 年代，中国处于动荡时期，而这篇文章所描绘的意境是不同品种的鹭鸟能够在同一棵树上和谐栖息，巴金期盼通过这篇文章唤醒中国人民或者全世界人民，都能够和谐地生活在一个地球村中。

中华人民共和国成立后，这篇散文正式编入小学语文课本，据教育部统计，至今，读过这篇文章的小学生不少于数亿人。

生机勃勃的“小鸟天堂”里栖息着十多种野生鸟类，其中以白鹭和灰鹭最多，白鹭喜欢早出晚归，而灰鹭则喜欢晚出早归，一早一晚，相互交替。特别是在日出和日落时分，出发和归巢的两支队伍交相辉映，上千只鸟在“小鸟天堂”的上空盘旋飞舞，互相争鸣，场面蔚为壮观。

每一个身临其境的游客，都会被这里的美景所震撼，不过据当地村民所说，在 500 多年前的明朝，这里曾是一个自然条件十分恶劣的地方。那时，天马村依水而建，却不想连年遭遇洪灾，不少人家破人亡。于是当地村民便效仿大禹治水，在天马河的中央修建了

榕树的气根

沙洲，并在上面种上一棵榕树，期盼灾难不犯、粮食丰收。

历史上，天马村的村民一直将这棵给他们带来幸福平安的大榕树，视为护佑全村的“神树”，他们不允许任何人到那里去砍伐和射猎，这个传统一直沿袭到今天。

人们守护着小鸟天堂，小鸟天堂也给这里带来丰厚的回报。在小鸟天堂的带动下，当地的旅游产业蓬勃发展，相继建立了鸟趣园、巴金广场、生态农庄，打造成了以鸟类生态风景为主题的湿地公园。每年吸引游客达30多万人次，人与自然的和谐相处，让“小鸟天堂”更富魅力。

广东省云浮市

浴火重生
——国恩寺荔枝树

在广东省云浮市新兴县，有一棵1300年的荔枝树，它树干高18.5米，树围最粗处4.3米，树干倾斜向上生长，根深叶茂，树冠面积达183平方米。

每年七月原本是古荔枝树结果的季节，但它今年却一反常态。不仅是这棵千年古荔枝树没开一朵花，没结一颗果，甚至由它繁殖的1000多株荔枝树也都是如此。

究竟是什么原因影响了这棵千年古树的开花结果呢？这还要从这棵古树的来历说起，古荔枝树种于新兴县国恩寺内，这里是中国佛教禅宗文化的发祥地之一，禅宗六祖慧能法师曾在此修行。

慧能，是唐朝的一位高僧，他得黄梅五祖传授衣钵，创立了中国特色的佛教教派，被世人称为“禅宗六祖”，他生前的言论被弟子们整理成《六祖坛经》一书，是中国佛教禅宗的经典著作之一，在中国及世界佛教史上有着举足轻重的影响力。流传千年的一首禅诗“菩提本非树、明镜亦非台，本来无一物，何处惹尘埃”就是由慧能所作。时至今日，其中的哲理和智慧仍能带给人们无限的启迪。而国恩寺的这棵荔枝树正是由慧能亲手栽种的。

在慧能眼中，为后人留下一片绿色，远比金银财宝要珍贵得多。

国恩寺荔枝树

古荔枝树的果实

公元713年，他种下这棵荔枝树后，便于同年圆寂。今年是慧能圆寂1300周年。当年慧能禅师亲手种下的幼苗，如今已长成参天大树，每年都有数十万游客和佛教信众前来瞻仰。不少人觉得，这棵千年古荔枝树是在用不开花不结果的方式，纪念它的手植者——六祖慧能。

人们用这种猜测来表达着对六祖慧能的思念和尊敬，不过当地的农业学家对这种现象作出了科学的解释。荔枝树大年小年的现象比其他品种更加明显，由于过去几年较为丰产，导致养分补充不及时，使得近几年的结果都比较差；另一方面也是因为近两年的天气，特别是春天天气不太好，不利于荔枝的开花结果。

千年荔枝古树能屹立至今实属不易，不仅受制于降雨、气温等自然条件，还历经了许多磨难。1300年间，古荔枝树见证了国恩寺的几度兴衰。在太平盛世时期，这棵树长得郁郁葱葱。而在战火连年的时代，古树也曾屡遭火烧刀砍，奄奄一息。

20世纪60年代，古荔枝树曾意外遭遇了一场大火，几乎将它的树干烧成焦炭，枝枯叶尽，当人们都以为此树已经死亡时，让人们意想不到的情况出现了，经过多年的休养生息，这棵古树竟奇迹般地恢复了生机。不仅年年萌发新芽，还能结出上百斤的荔枝果。浴火重生，让这棵千年荔枝古树更显得弥足珍贵。

荔枝树属于无患子科植物，原产于中国，主要分布在中国的岭南地区，有2000多年的栽培历史。荔枝素有“果王”的美誉，它外表粗糙，但果肉却如脂似玉、芳香甘甜。《本草纲目》中记载：荔枝可“止渴、益人颜色，通神、益智”。独特的美味和功效，让古往今来的许多人都对荔枝情有独钟。唐宋八大家之一的苏东坡，曾以“日啖荔枝三百颗，不辞长作岭南人”的诗句，表达对荔枝的喜爱之情。时至今日，广东地区已经成为世界最主要的荔枝产区，每年产量约占世界总产量的20%。

与普通的荔枝不同，这棵千年荔枝树的果实被人们称为“佛荔”。每年荔枝成熟的时候，国恩寺都会组织专人采摘，然后免费发放给大众品尝，由于数量有限，人们对这棵千年古荔枝所产的荔枝喜爱有加，争相品味。

六祖慧能手植的荔枝树已经走过了千年的时光，成为国恩寺一张绿色的历史文化名片，人们在品尝它甜美果实的同时，体验着中国佛教文化的源远流长。

中国树龄最老的铁树——苏铁王

广西壮族自治区南宁市

在南宁市青秀山的苏铁园里，几只栩栩如生的恐龙雕塑与鳞次栉比的苏铁相依相伴，呈现着两亿年前地球上的景观。那时候，恐龙是动物界霸主，苏铁作为“植物之王”，占据了当时地球上植物种类的三分之一。但是沧海桑田，由于冰川期的来临，恐龙退出了历史，苏铁却以顽强的生命力，成为了少数留存于世的裸子植物。

在这座占地80亩的苏铁园中，最著名的是一棵高大的千年苏铁，它树高8米，树围最粗处3.8米。根据现有记载，这是中国树龄最老的苏铁，因此被称为“苏铁王”。

事实上，测定这株苏铁的树龄并非易事。一般植物通过测量年轮就可以鉴定树龄，但苏铁却非常特殊，它没有年轮，植物学家一般通过叶痕和高度对比来进行树龄估算。经过测算，“苏铁王”如

苏铁王

苏铁王的树皮

今已经有 1360 多岁了，这就意味着唐高宗在位时，它就已经存在。这也无形中验证了古人的一句谚语“一株铁树立千载，海变山来山变海”。

如今的“苏铁王”枝繁叶茂，生机勃勃，然而在 1999 年，它在广西南部被发现时，因为被当地村民移植了一次，已经伤痕累累，命悬一线。

为了拯救“苏铁王”，林业工作者把它移植到了青秀山，采取了伤口消毒处理、根部营养补充等多项保护措施，但是在将近一年的时间里，“苏铁王”并没有恢复生机。对此工作人员并不着急，因为他们知道，苏铁之所以能够跨越亿年，成为植物进化中的胜者，是因为它有独特的植物特性和求生本领，能帮助它渡过难关。

首先是新皮再生。俗话说，“人怕丢脸，树怕剥皮”。很多植物在树皮严重受伤后，因为失去了营养水分上下输送的通道，很快

就会死掉，而苏铁却有自我疗伤的能力，可以长出新皮。有的苏铁树干被削去了三分之二，却依然可以活下来。

苏铁有这么强的愈伤能力，主要和它的结构有关。苏铁里面有很多淀粉和水，还有大量的分生细胞，这些细胞都能够促进它的伤口愈合。

苏铁还有一个神奇特性是休眠。在气候条件和成长环境恶劣的时候，苏铁会停止生长，进入休眠状态，时间甚至可以达数年，待环境改善后，植株会苏醒过来继续生长，这也就是苏铁名字中“苏”字的来源，也正是这种本领，能够帮助苏铁躲过严酷的外部环境。

就是依靠这些独特的生存本领，受伤的“苏铁王”被移植到这里后，在工作人员的呵护下，慢慢度过了危险，萌发新叶，重现生机。

为了更好地养护“苏铁王”，人们还要时常给它补铁。苏铁俗称铁树，是一种十分喜欢铁元素的植物，当叶子发黄，生长迟缓的时候，可以在树下撒些铁屑，或者把铁粉溶在水中浇在根部。在古代，更简单、更直接的方法，是把铁钉钉进它的树干，让它充分吸收铁元素，恢复长势。

当年，“苏铁王”起死回生后，很快又给大家带来了一个惊喜——它开花了！在中国，自古就流传着“千年的铁树开了花”、“铁树开花，哑巴说话”的俗语，人们用铁树开花来形容一件事很难或者根本不可能实现。事实上，在亚热带和热带地区，铁树不仅开“花”，而且年年开“花”。

雌花

雄花

“苏铁王”开花后，一个谜题才有了答案，那就是它到底是雌是雄。苏铁是雌雄异株的植物，自萌发之日起，一直到开花的时候，才可以确定它是一株雌树还是雄树。雌花是半球形的，像卷心菜；雄花是圆柱形的，如同一个玉米棒，花期在每年的五月到八月。不过，从植物学的角度来讲，苏铁的花不具备花瓣、花蕊，并不是严格意义上的花。而是由叶子变异成的大孢子叶球和小孢子叶球。

如今，苏铁作为一种观赏盆景植物，已经落户寻常百姓家。作为植物“活化石”和种子植物演化的“活标本”，苏铁身上有着许多地球演变痕迹，为探讨种子植物的起源和演化、地球的古地质和古气候变迁提供了大量证据。

广西壮族自治区南丹县

特殊的家产
——黏膏树王

在广西南丹县的里湖瑶族乡，随处可见一种造型奇特的树木，其树名叫作刺椿，属苦木科、落叶树种，也算是速生树种。此树十分稀少，仅在广西及贵州两地零星分布。树干中间粗两头细，从远处看，既像一个纺锤，又像是一个挺着大肚子的孕妇，当地人称它为“黏膏树”。

在里湖，家家户户都种植“黏膏树”，人们把它当成一份特殊的家产，世代传承。村民黎继江家的这棵大树，已经陪伴这个家族走过了四代。经过 200 多年的生长，这棵黏膏树已经步入壮年，树高接近 20 米，树围最粗处将近 5 米。因为树龄长，体量大，它被誉为当地的“黏膏树王”。

黏膏树王

黏膏树脂

每年的三四月份，黎家人就和“黏膏树王”一起，开始一项特殊的生产劳作。

钢刀利斧在树干上不断地砍凿,留下了一个个状如蜂巢的伤口，如此对待“传家宝”，让人难以理解。不过，对于当地的村民来说，其实是对黏膏树的关爱，而非破坏。

黏膏树之所以这样命名，是因为它能分泌一种叫作“黏膏”的树脂。先前当地人称之为割松子。树脂在里层，一定要凿到木质部，到来年春天，黏膏才能从刀口自然流出。砍凿得越多越久，流出的黏膏就越多，膏质也越好。更为神奇的是，如果中途有一年不去砍凿，树就会自然枯死。所以，每到树木新陈代谢最旺盛的三四月份，这里的人们就要仔细地砍凿家中的黏膏树。多年下来，树脂凝结的地方就形成了疤痕，待其愈合后树木增生，被砍凿的部分逐渐隆起，树干就变成了中间粗两头细的形态。

黎继江及其家族所在的族群，属于瑶族的一支，因为男性统一穿着白色的裤子，所以叫作“白裤瑶”。在白裤瑶的传统中，他们用黏膏来画衣服上的图案：把淡黄色的黏膏与牛油一起熬制，形成类似蜡料的材料，用特制竹刀蘸着，在土质白布上按照自己的构思作画，画好后进行染、煮、泡等程序，然后晒干，涂过黏膏的地方留下了清晰的纹路，再用五颜六色的丝线在纹路上精心刺绣。有人说，没有黏膏树就没有白裤瑶。在白裤瑶族人的心中，黏膏树就是他们的“神树”。族人相信，一切都有灵性，越古老的东西它的灵性就越神。比如说这棵远久的黏膏树，它的灵性、神性够强，因此画出来的服饰更加荣耀。

每户白裤瑶的人家，都存有黏膏，这是衡量一个家庭贫富的重要指标。因为拥有全村最老、最大的黏膏树，黎继江受到全村人的羡慕。“黏膏树王”现在每年出产的黏膏，可以用来制作两套完整的服饰。未来，这棵大树还会生长得更加粗壮，产量更高，以经受刀砍斧劈的特殊代价，为主人源源不断地提供“生命的汁液”。

千百年来，白裤瑶的族人们享受黏膏树的施与，也对它心怀感恩，呵护有加。他们从不使用黏膏树起房造屋、制作木具，即使掉落的老枝，也让它自生自灭，不会当柴烧掉。种子成熟了，族人们也不会摘，除非掉在地上。就连外来人到寨，也会叮嘱不要乱动。老树早已成为各户家中不可缺少的一部分。

黏膏树王仰视

在当地的风俗里，移植黏膏树的新苗，还有一套特殊的仪式：发现大树的幼苗后，要连泥一起深挖，置于水缸里浸泡数天，再选择深夜子时进行移栽。之前，主人还要到母树下行礼叩首，许愿今生今世会管好小树，让它健康成长，然后才能栽种幼苗。黏膏树和白裤瑶的族人们，就这样相依相伴，相生相长，走过千年。

在遥远的古代，人类的祖先以叶为衣，以果为食，垒木为巢，剖木为舟，可以说，人类的生存与发展离不开树木，树木也在造福人类的过程中赢得了人们的感激和尊重。黏膏树的故事，恰恰就是人与树相依相生的证明。

广西壮族自治区武鸣县

村民的气象播报员——秋枫树

中国广西武鸣县的雅家屯，有一棵1000多岁的古秋枫树。虽树龄古老，却丝毫不显老态。接近50米高的树干直插云霄，树围最粗处将近20米，需要10个成年人才能合抱。遮天蔽日的树冠更显古树生机盎然。由于生长在半山坡上，秋枫树的树体微微向村落方向倾斜，仿佛一位慈祥的长者守望着一方水土。当地人把这棵古树称为“棵葑”，它所在的山叫作“白虎山”，建屯的时候，老虎对村民有一定的危害，就在这里从别的地方挖一棵“葑树”，不让老虎危害人畜的安全，意思是封住了老虎嘴巴。

在中国人的传统中，建村立庄时，大都会在村口或者村庄四周广植树木。古人认为，这些树木是一个村庄的“风水林”，既能美

秋枫树的树干

秋枫树

化环境，防止天灾的发生，又能挡住“煞气”，为人们提供“藏风”“得水”“聚生气”的理想居所，达到“天人合一”的境界。遥想当年，雅家屯的先民们种植“棵葑”的时候，驱逐白虎是目的之一，期盼村庄安宁、家族世代繁衍的心愿，也许更为强烈。

十多年前，因为一次暴风雨，“棵葑”树的一根枝条被风刮断，断裂处慢慢呈现为鲜红色，随后竟流出如人类血液般的液体。

一直以来，这里的村民把“棵葑”奉为“神树”，对它倍加爱护，古树从未经受过刀劈斧凿，树干底部也鲜有枝条掉落，所以树木“流血”的景象，人们一无所知。而在民间传说中，树木流血被认为是“不祥之兆”。

《三国演义》中曾出现这样一个场景：曹操修建关羽庙时，一棵千年古树，横锯数日不倒，曹操怒而挥剑砍树，不料，树身喷血洒至曹操头部，曹操因此数日卧病不起，后来头痛致死。虽然这只

村民祭祀神灵

是文学作品中的一段故事，但是在现实生活中，古树“流血”的现象确实存在。尤其在林业专家确定了这棵古树的树种后，人们才解开其中之谜。

原来，这棵会“流血”的“棵葤”学名叫作秋枫树。由于它枝叶繁茂，树姿壮观，非常适宜用作景观树和行道树，而“流血”正是它的植物特性之一。血液就是它的树脂，起输送养分、水分的作用。不同的树，颜色不一样，有白色、红色的，也有绿色的，而秋枫树是红色的。这是它的遗传特性。

村民眼中的神奇现象，在专家看来其实平常，像秋枫树一样拥有红色树脂的树木，在世界上共有十几种。比如生长在中国广东一带的藤本植物“麒麟血藤”、遍布热带雨林中的“龙血树”、“胭脂树”等，如果破坏它们的枝干，都会流出像血液般的汁液。这棵古树除了会“流血”，还有一处与其他树种不同，在每年清明到谷雨期间，叶子纷纷掉落，同时萌发出新叶。自古以来，这里的村民都是依据古树落叶的时间，开始插秧耕种。

似鲜红血液的断枝

秋枫树一年四季落叶、开花，这跟温度密切相关。每年春天当气候稳定回升的时候，它的树叶就脱落，掉地上。秋枫树属于常绿树种，一年四季都会换叶，其中最为明显的阶段，就是春季气温回升的时候，这恰好是人们春季播种的时间。因此，这棵古树就成了指导村民农业生产的“气象播报员”。

所有的奇异现象都能得到科学的解释，但是村民们依然相信古树有灵。千百年来，“棵葑”树为他们挡风遮雨，指导他们进行农业生产，“棵葑”树的树皮、树叶还可以入药，治疗风湿骨痛、疮疡等病痛。“棵葑”树默默护佑着一方百姓的平安，人们也因此对这棵古树尊崇备至。

逢年过节时，当地人们还要举行拜树、敬树的仪式。特别是在农历四月初四，插完秧苗的人们，就会举行祭祀神灵的仪式。村民们拿着糯米、糍粑等食品到树下祭拜，祈求风调雨顺，五谷丰登。

海南省儋州市

最毒的一种乔木——见血封喉树

在中国的南方、美洲的印第安人部落，以及非洲的许多地区，都曾出现过同一种致命的毒武器，人们从一种树上获取毒液，然后用箭头蘸毒，射向猎物或者侵略者。这种毒箭无往不利，提取毒液的树木也因此被称为“箭毒木”。现代科学研究发现，它是自然界中最毒的一种乔木，而在植物学上，它的名字更加耸人听闻——见血封喉树。

在海南省儋州市的军屯村，矗立着东南亚最大最古老的一棵见血封喉树。它树高25米，树围最粗处有13米，树龄已经超过800年。见血封喉树一般分布在赤道附近，是常绿大乔木，桑科。树干的底部基本都会有高达两三米的板根，树皮上有泡沫状凸起，叶子呈椭圆形。

见血封喉树

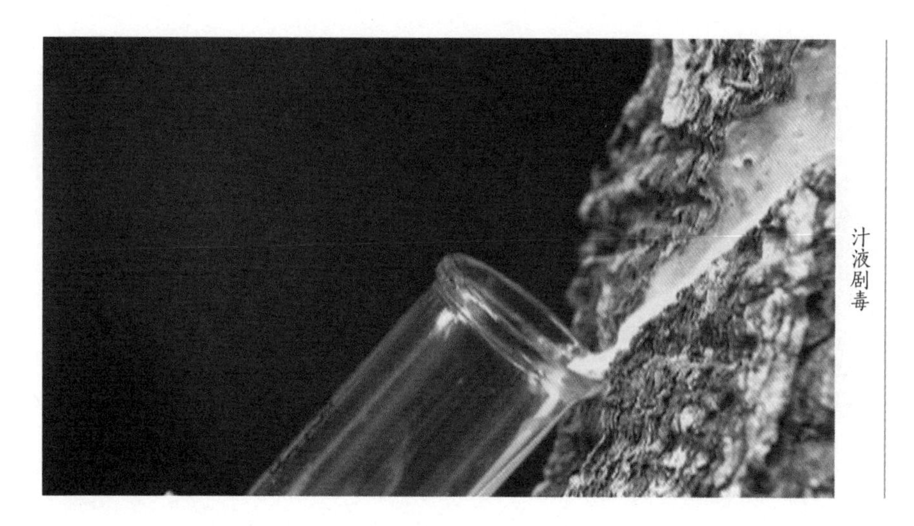

汁液剧毒

如果只是在旁观察，见血封喉树不存在任何危险，但是只要割破树皮，毒液马上就会流出。见血封喉树的毒液主要成分为强心苷，它会通过血液循环进入心脏，造成急速心梗致死。

在民间，对于见血封喉树有一种说法，叫作“七上八下九倒地”，意思就是说，如果中了见血封喉的毒，那么往高处只能走七步，往低处只能走八步，而无论如何，走到第九步，就会倒地毙命。过去的人们，就是利用它的毒性进行狩猎。

然而，猎杀致死的动物是可以安全食用的。因为被毒死或射死的动物，经过高温分解以后，毒素会分解掉；另一方面，见血封喉毒是通过血液循环发生作用，而不是通过消化系统，所以我们可以安全食用被射杀的动物。

在冷兵器时代，见血封喉树的毒液不仅用于狩猎，也是重要的作战武器。这棵 800 多岁的见血封喉树所在的村庄名叫军屯村，顾名思义，这里曾是驻军屯田的地方。

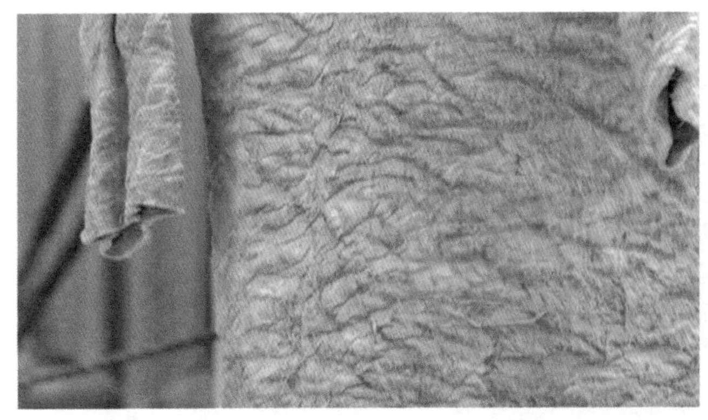

见血封喉树树皮做的衣服

东汉时期，伏波将军马援来这里镇压叛乱，他的部队在此驻军，为了制作毒箭对付敌军，在军屯村周围栽植了几十棵见血封喉树，而这棵大树就是那些古树的后代。因为有着这样一段特殊的历史，军屯村的世代百姓都对这棵见血封喉树爱护有加，几百年来，人与树之间和谐相处，几乎没有发生过人畜中毒的事件。

事实上，见血封喉树的毒液并不是只有破坏性，医药专家研究发现，见血封喉汁液中的强心苷，在适量的前提下，具有强心、增强心脏血液输出量、麻醉等功效，可用于高血压、心脏病等疾病的治疗，具有极高的科研和应用价值。

而说到应用，早在几千年前，海南岛上的黎族先民为了防止蚊虫叮咬，已经把见血封喉树的树皮做成衣服穿上身。

由于见血封喉树的树皮具有毒性，因此衣服具有防虫和耐腐的特点，再加上纤维柔软易穿着、耐洗，并且颜色纯白美观，见血封喉树树皮衣备受黎族先民喜爱，它的制作方法也被一代代手艺人传承了下来。要制作一件完整上好的树皮衣，见血封喉树的树龄要到

药毒性研究

100年以上，先用工具在树干上敲击，把树皮拍松散，直到可以整张揭下来，然后在水中浸泡数天，并不停地拍打，把树皮里的剧毒树胶去除，然后就可以裁剪缝制树皮衣了。

如今，在海南大学的博物馆里，还保存有一套由海南手艺人制作的树皮衣。这身衣服由上衣和短裙组成，从制作式样看，已经向近代服饰靠近，但是树皮布的加工和衣服的制作工序，却完整保留了古代工艺。

根据学者的研究，起源于南方沿海地带的树皮布技艺，不仅证明了人类衣物从无纺布到有纺布的发展过程，而且它从中国南方出发，席卷了东南亚岛屿，然后穿越太平洋，直达中美洲，在那里，树皮布变成了造纸工具，美洲文化因此得以更广泛地传播。

走过了800多个春秋，军屯村的这棵见血封喉树依然枝繁叶茂，每逢农历初一和十六，都会有村民自发前来上香供奉，在人们心中，它早已是保佑家族兴旺和一方平安的“神树”。

海南省三亚市

有灵性的圣树
——南山不老松

“福如东海长流水，寿比南山不老松”，在中国，人们常常用此句来祝福长辈福寿绵长。南山不老松，是人们对身体健康、生活美好的祈愿。在海南三亚南山一带，生长着上万株“南山不老松”，远远望去，好像一尊尊盘腿而坐的老寿星，吸引着四面八方的游客。

最大的不老松已有 5600 多年的历史。与印象中参天入云的千年古树截然不同，它树高不到 10 米，树干也不粗壮，数十个分枝向四面八方伸展，剑形的树叶郁郁葱葱，没有一丝衰老的迹象。如果不是林业专家证实，很难让人相信它已经存活了数千年之久。三亚市林业科学研究院罗金环院长称：“南山不老松”的生长速度非常缓慢，1 年都长不到 1 厘米，并且后期越长越慢。

南山不老松

南山不老松树皮

走过漫长的岁月，“南山不老松”依然充满活力，并且在它周边生活的人们也都普遍长寿。在南山村里，“人生七十康而寿”的现象是最正常不过了。这里 70 岁的老人还算很年轻，百岁老人也不足为奇。一方水土养育一方人，人与树木，人与自然和谐共生的环境，也许正是当地人得以长寿的原委。

“不老松”的名号在一代代人的口口相传中流传下来，使得无数慕名前来的人都错认它为松树。其实“不老松”出现在白垩纪，是与恐龙同时代的生物，被联合国教科文组织列为保护树种，属于龙舌兰科植物，学名叫作“龙血树”。海南大学生物研究中心黄世满称：中国传说中龙的外皮和龙血树是一样的。过去龙血树搞破了皮以后，它流出的乳汁是红色，像人的血液一样，就叫它龙血树了。

关于龙血树名字的由来，当地流传着一个古老传说。在很久很久之前，巨龙与大象交战，巨龙战败后将鲜血洒向大地，从而生出

了龙血树。每当树干受到损伤后，会流出一种血红色的液体，这种液体被认为是龙血。其实，它只是一种树脂，属于名贵中药，被叫作“血竭”或者“麒麟竭”。现代科学证明，它具有止血生肌的功效。

龙血树寿命普遍能达到8000年左右，被植物学家们誉为“植物寿星”。尽管它的树形并不高大，但它的根系却能延展到与树冠投影一样长，扎根的力度很强，发达的根系是龙血树健康长寿的基础。

经历了5000多年岁月更替，风霜雨雪，这株龙血树却没有受到过一丝人为的破坏。因为树是空心的，没有太大的用处。庄子曾说过，“木以不材得终其天年”。龙血树度过漫漫岁月成为一段传奇，正契合了道家无为的思想。树木成长与做人一样，也许无为才能真正顺应自然，成就有为。

龙血树的长寿与稀有，使得当地居民把它看作是一种有灵性的圣树。离南山不远有一个叫港门村的渔村，村民以出海捕鱼为生。

港门村

南山不老松远眺

每月逢初一、十五，村民们总会来祭拜这里的小洞天，还有这些经历数千年岁月的古树。在他们眼里，古树是神树，保佑他们每次出海都能平安归来。渔民到海里面打鱼，迷了路，他们就往南山这边看，往往看到的是南山隐隐约约很密集的“不老松”，所以把“不老松”作为他们领路的向标。

在当地，许多人家在自家门口种上了龙血树，以期盼家人如它一般长寿健康。如今，珍稀的龙血树也被当地相关部门，用各种科学措施保护起来。就连原本上山的石板路，也被换成了透气性良好的木质栈道。

无论化身为古老的民间传说，还是还原为历经沧桑的龙血树，“南山不老松”早已成为有独特含义的文化符号。如今这里游人如织，人们环绕在仍焕发着勃勃生机的“南山不老松”周围，期待着它为家人带去福气，目睹着它将不朽的传奇延续下去。

第五章

黄土地中的绝妙之笔

西北地区

新疆维吾尔自治区和田县

人间“仙果”——无花果王

新疆和田，素以“金玉之邦，粮棉之仓、丝绸之路、瓜果之乡”的美誉闻名于世，其中最有名的是其中被誉为人间“仙果”的无花果。在和田县拉依喀乡政府的院落里，就生长着一片绿荫荫的无花果林。

这块地方约有 1.5 亩，外面看起来好像一片果林，实际上它是一棵树。一般的无花果树只能存活七八十年，而这棵无花果树已经有 500 多年的树龄了，是普通无花果树的 7 倍多，它也因此被人们称为“无花果王”。500 多年间，从“无花果王”的根部不断蘖生出新枝，新枝又不断成长为树干，最终形成了这一大片无花果林的奇景。低头俯身前行，我们在无花果林的中间位置，找到了“无花果王”的主干。

无花果王

无花果树根部

主干的树围大概有70-80厘米，主根就在主干的下面。主干和它四周的上百棵侧干共同组成了“无花果王”的“大家庭”。身处其中，犹如进入一间用枝叶建造起来的房子。从根部横卧而出的树干横竖交叉，粗细不同。

数百年来，当地的人们对“无花果王”爱护有加，将它奉为“神树”。相传王母娘娘曾驾祥云下昆仑山，途经和田县，发现这里的人们在路边跪拜祈祷，便问一位老者：“跪拜何求”？老人说：“于阗王带领农人兴修水利，开发田地，民众安居乐业，千家万户无不感激于阗王的恩德，人们为他祈祷长寿。”王母娘娘听了以后非常感动，将一根树枝给了他们，让他们种下这根树枝，把结的果子给国王吃。他们种的这棵树，就是这棵500多年的无花果树。从此“无花果王”在民间就成为了幸福的象征。

无花果原产于阿拉伯地区，是人类最早栽培的果树。至今已有近5000年的历史。汉朝时，无花果树传入中国，除东北三省以及西

藏、青海外，中国大部分地区都有无花果树分布，但由于新鲜的无花果不易储存，运输不便，因此很少有大规模栽种，只是零星分散地种植在庭院中或田间地头。

每年 5 月是无花果的花期。这让人不禁好奇，既然无花果树是开花植物，那人们为什么叫它“无花果”呢？

原来无花果也是开花的，只是我们肉眼看不到，才错误地以为这种树只结果，不开花。无花果的细小花蕊呈现淡粉色，开花时散发的香气会吸引昆虫前来传粉，结出果实。

无花果树一年结三次果，从 7 月到 10 月都能吃到鲜嫩的果子。一般的无花果树每年能结上百个果实，而“无花果王”一年能结果 2 万多个。它的果实肉质松软，味道清香甘甜，被当地人形容为“树上结的糖包子”。

在和田当地，吃无花果有个特别的习惯，就是要在入口之前轻拍三下。这个习惯还是源于西方的一个传说。

相传生活在天堂的亚当和夏娃，因为偷吃禁果，被一丝不挂地贬下凡间。他们离开天堂以后，在凡间第一个遇见的就是无花果树，无花果树一看他们两个形象不雅，于是将自己的三片叶子给他们做衣服。上帝知道无花果树自作主张帮助亚当和夏娃，便命令人们在吃无花果之前必须要拍三下作为惩罚。虽然这只是个传说，但拍三下的风俗却延续至今。

在和田，每逢节日或是有客人来访，无花果都是餐桌上的必备食品。或是摘下即吃，或是做成果酱。无花果里含有大量的维生素，

无花果叶

无花果王结的果实

具有增强免疫力、提高抵抗力的功能，被当地人称为“福寿之果”。在人口只有20多万的和田县，百岁老人就达70多位，远远超过国际自然医学会关于“世界长寿之乡”每10万人中有7位百岁老人的标准。和田因此被评为“世界长寿之乡”。当地人认为，常年食用无花果是长寿秘诀之一。

如今，“无花果王”林已经成为和田一处重要的旅游景点，当地人正准备在它的四周建起一个5米高的观景平台，游客们站在观景台上，不仅能以更宽广的视角欣赏它的枝繁叶茂、硕果累累，而且可以保护“无花果王”不被践踏，以更加完美的姿态展现在世人面前。

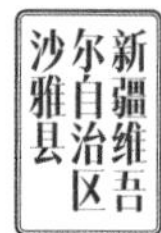

新疆维吾尔自治区沙雅县

沙漠画卷中的妙笔
——胡杨王

金秋十月，金黄色的胡杨林成为新疆塔里木盆地一幅“壮美的画卷”。地处阿克苏地区的沙雅县，拥有着世界上面积最大、保存最完整的原生态胡杨林，被称为“中国塔里木胡杨之乡”。在这幅占地将近200万亩的美丽“画卷”中有一处“妙笔”不能不提，那就是坐落在沙雅县其乃巴格村，一棵屹立千年之久的“胡杨王”。

2009年，这棵胡杨树被列入上海大世界基尼斯纪录，以“树龄最长的胡杨树”成为“胡杨王”。

“胡杨王”树高17.5米，树围最粗处将近7米。在离地接近10米的地方，树干一分为二分出粗细不同的枝干。历经千年风霜雪雨，“胡杨王”不免烙上岁月的痕迹。灰褐色的树皮上布满了不规则纵

胡杨王

胡杨枯枝

裂沟纹，树干部分已经中空。在靠近树根的地方，有一个足以容纳两三岁的小孩玩耍的树洞，蜜蜂也选择在洞里筑巢，而距离地面最近的树枝已经下垂，树叶完全脱落，不过“胡杨王”的顶端却是枝条茂密，郁郁葱葱。

据当地林业专家介绍，“胡杨王”在 20 世纪曾高达七八十米，四五公里以外都能看到它高大的身影。但是当它步入老年之后，出于生存的本能，“胡杨王”开始逐渐地自断树顶的树杈，慢慢地降

胡杨碱

低了自己的高度，目前只保留了盛年时四分之一的高度。虽然身高不断减少，但“胡杨王”的根系仍然十分发达，根须可延伸到地下十多米处汲取地下水来维持生命的运转。

为了适应温差大、雨水少的生存环境，“胡杨王”还具备了另一种神奇的特质。生长在高处、壮龄的枝条上，叶子接近枫树叶、杨树叶的形状；生长在低处、幼小的枝条上，叶子则如同柳叶的形状。因为拥有多种叶形，胡杨树也被称为“异叶杨”。长出多种叶形的目的只有一个：最大限度地减少水分流失。

正是得益于这种强大的生存本领，胡杨这个古老的树种才能承受住第三、第四纪冰川期严寒的侵袭，并在酷热难耐的沙漠之中巍然屹立，不屈不挠。在地球上繁衍生息 6000 多万年，存活至今。据林业部门统计，全世界的胡杨 90% 在中国，中国胡杨林面积的 90% 以上在新疆，而新疆的 90% 又集中在“胡杨王”所在的塔里木盆地。

其乃巴格村是沙漠中难得的一片绿洲，“胡杨王”不仅是村民们儿时的“玩伴”，也是他们日常生活不可或缺的重要资源。由于“胡杨王”的体内会产生大量的盐碱，排出体外的过程就像大树在哭泣一样，当地人也把它叫作“眼泪树”。村民们不仅用胡杨碱来做肥皂，在加工面食时，还常用胡杨碱来代替苏打粉。

对于生活在沙漠地区的人们来说，胡杨带给他们的远远不止于此，胡杨的树叶富含蛋白质和盐类，是牲畜越冬的上好饲料；胡杨木的纤维长，又是造纸的好原料，枯枝则是上等的好燃料。由于胡杨木质坚硬、耐水抗腐，又是上等的建筑和家具材料，古楼兰、尼雅等沙漠古城遗址中的胡杨材料至今保存完好。

“生而千年不死，死而千年不倒，倒而千年不朽”。胡杨在死之前，将大量根系以及枯枝散落物、树皮的剥落物，埋于沙壤土中，形成了一个独立的小沙丘，共同支撑着胡杨树不倒。沙子具有保温、隔湿、隔水、阻绝空气的作用，胡杨树埋于其中，没有与空气接触，所以不会腐烂。

数千年来，胡杨默默屹立在荒漠之中，用身躯阻挡了沙尘的侵袭，组成了一条雄伟壮阔的绿色长城。如今，沙雅县360多万亩的胡杨林更是成了农牧业发展的天然屏障。被这片土地滋养了千年之久的“胡杨王”，如今依然长新枝、发新芽，甚至“遍地开花”。围绕在“胡杨王”周围的小胡杨都是它的“孩子”。它们传承着祖辈的光荣使命，继续在这片土地上默默奉献，绽放着生命和希望。

陕西省黄陵县

中华魂　民族根
——黄帝手植柏

在中国的陕西省黄陵县，有一座特殊的陵墓，每年清明期间，都会有数以万计的人们聚集在这里祭奠缅怀中华民族共同的祖先——黄帝轩辕氏，在祭拜黄陵的同时，每一位来到这里的人，都会在一棵特殊的柏树下驻留。这棵大柏树就是驰名中外的“轩辕手植柏”，至今已经5000多年了。

这棵被誉为“中华魂、民族根”的“黄帝手植柏”，相传是5000多年前，黄帝亲手种植的。关于这棵柏树的粗壮，当地民间流传着一句“七搂八拃半，圪里圪瘩不上算”的谚语。

原来这“七搂八拃半”是民间对这棵柏树的形象比喻。意思就是七个人手拉手都合不拢，中间还有一定的空间。经过科学测量，这棵柏树高19.8米，树围最粗处接近12米。1982年，英国著名林业专家罗皮尔在考察了27个国家的柏树后，认定这株“黄帝手植柏”最粗壮、最古老，因此把它称为“世界柏树之父”。

“黄帝手植柏”属于侧柏，在中国，北起内蒙古、吉林，南到广东、广西，都有它的身影。中国传统中医学认为，柏树散发出的芳香气体具有清热解毒的作用，长期呼吸经过柏树过

七搂八拃半

滤的空气可以去病抗邪，培养人体正气，因此柏树也成为中国最常见的绿化树种之一。柏树是一种非常长寿的树种，但它的生长速度却十分缓慢，一年时间它的直径生长不足 1 个毫米。因此，这棵“黄帝手植柏”没有几千年是不可能成长到如此程度。

相传 5000 多年前，黄帝领军战胜了炎帝部落和蚩尤部落，首次实现了华夏大地的统一。他教导人民播种五谷，制造衣服，创造文字，作历法，制音律，为中华民族点亮了文明之光，因此黄帝也被后人称为“人文初祖”，直到现在中国人也习惯把自己称作“炎黄子孙”。

在黄帝的众多功绩中有一项就是让人们离开洞穴住进房屋。当时人们在临水靠山的半坡上砍树造屋，但由于乱砍乱伐，山林被毁坏殆尽，一场暴雨引发了

黄帝手植柏

山洪，人和房子全被洪水冲走，黄帝看到后，立誓不再乱砍树木，并亲手栽下了一棵小柏树，人们也纷纷效仿，没过几年，这里的山重新变得林草茂密。从此中华民族有了植树造林的传统。传说这棵古柏就是黄帝当年亲手种下的。

为了纪念黄帝，人们在他“成仙升天”后，把他的衣冠埋在了这棵深受他喜爱的柏树旁边，这个地方从此被称为黄陵。

远古的传说为这棵古树蒙上了一层神秘的色彩，而更加神秘的远远不止于此。黄陵地处黄土高原，大部分地方都是黄土覆盖，而唯有黄陵周边方圆几十公里却是树木成林，绿荫掩映。据专家解说，是因为黄帝当年率领10万大军与蚩尤作战，将阵亡将士们的尸体掩埋在桥山之间，为了纪念这些将士们，给每一个坟头上都种植了一棵古柏，所以才有了这些郁郁葱葱的树木。

柏树是四季常青的植物，不论在中国还是在其他一些国家，都有着长寿、不朽的象征。古罗马的棺木通常用柏木制成，希腊人则习惯把柏树枝放入死者的灵柩中，希望死者到另一个世界能安宁幸福。而中国人在死者的墓地上栽柏是寄托一种让死者“长眠不朽”的愿望，因此在中国的园林寺庙、名胜古迹处，常常可以看到古柏参天的景象。

黄帝手植柏幼苗

自古以来，中国人都尊黄帝为祖先。祖先陵上的一草一木，都是神圣不可侵犯之物。历朝历代的统治者，他们就是以黄帝一脉之正宗自居，所以对这里的一草一木保护有加。中华人民共和国成立之后仍然把保护古柏作为黄陵保护的重要组成部分。按照许多林业专家的说法，几千年的古树生殖能力已经非常弱了，基本上种子繁殖可能性非常之小，但经过相关管理部门采取许多的保护措施以后，2012 年发现，这些种子又萌发了新苗。

5000 多岁的“黄帝手植柏”落下的种子还能自我繁衍生息，这在世界上也属罕见，“黄帝手植柏”沐浴了几千年的风风雨雨，依然保持旺盛的生命力，正如同中华民族一般，经历了无数荣辱兴衰，依然能够生生不息。

陕西省西安市

贵妃手植
——华清池石榴树

在陕西省西安市，至今保留着一座以温泉汤池著称的中国古代离宫——华清池。它南依骊山，北临渭水，中国古代的封建帝王们把这里视为风水宝地，成为历代帝王的行宫别苑。

如今，在华清池五间厅前，还依然保留着一棵唐朝杨贵妃亲手种下的石榴树。这棵石榴树临水而生，盘根错节，树干苍劲有力，主体部分已经挣脱池塘围栏的束缚，倾斜着向水面生长，历经千年，枝叶却依然青翠茂密。

这棵贵妃石榴树有1200多年历史，树的高度大约5米，树冠约6.5米。石榴树的寿命一般在200年左右，这棵石榴树的树龄是普通石榴树的6倍，而且年年结果，堪称奇迹。虽然结果的数量不多，每年只有六七个，但是果实各个饱满。

据史料记载，华清池最早修建于西周时期，后经历代帝王不断修缮，到了唐代，更是大兴土木，宫殿楼阁极尽奢华之能事，成为唐玄宗和杨贵妃最喜爱的度假胜地。他们每年十月来到这里，次年的春天才返回京师长安。很多人都知道杨贵妃喜欢荔枝，甚至留下

贵妃石榴树

石榴树硕果

了"一骑红尘妃子笑，无人知是荔枝来"的千古名句，却不知道杨贵妃也特别喜欢石榴，在华清池生活期间，她曾亲手在这里栽植了不少石榴树，历经千年岁月风霜，当年郁郁葱葱的石榴树现在只有一棵保存下来，成为历史的见证。

石榴是一种落叶灌木，原产于伊朗地区。汉代张骞出使西域时，将其引进中原，而华清池就成了最早种植石榴的地方。

石榴引进中国后深受人们的喜爱，甚至出现过石榴"非

十金不可得”的场景。石榴含有一种叫鞣花酸的成分，可以使人体的细胞免于环境的污染，减缓肌体衰老，有着美容养颜的功效。看来成就杨贵妃的超凡魅力，石榴功不可没。难怪她“回眸一笑百媚生”，使得“六宫粉黛无颜色”，赢得皇上专宠了。

除此之外，石榴中还含有多种氨基酸和微量元素，有助于消化、软化血管、降低血脂等。对于饮酒过量者，石榴也有快速解酒的奇效。

杨贵妃不但喜欢吃石榴，还喜欢穿石榴裙。唐玄宗时期，大臣们将杨贵妃视为红颜祸水，不愿意向其跪拜，但是自从唐玄宗颁布了“凡见娘娘不行跪拜之礼者，概杀不赦”的圣旨之后，这些大臣们看见这个爱穿石榴裙的娘娘便诚惶诚恐，拜倒在地。此后，大臣们私下便以“拜倒在石榴裙下”来解嘲。然而唐玄宗的威严最终还是没有压制住群臣的愤怒，安史之乱时，禁军哗变要求唐玄宗将杨玉环赐死，37 岁的杨贵妃只好自缢而亡。

杨贵妃的故事以悲剧结束，但是“拜倒在石榴裙下”这句俗语却在民间流传下来，时至今日已经演变为男子向女子求爱或讨好之意，表示男子从此对女子言听计从。

如今不少青年男女来到这里，在这棵石榴树的树枝上绑上一根红布条，希望自己的爱情能够长长久久。

颗粒饱满的石榴籽

石榴自从西汉时期引进至今，已经走过了 2000 多年的历史。无论是它火红绽放的花朵，还是晶莹剔透的果实，都被人们所喜爱，并且赋予美好的寓意。在中国，人们向来喜爱红色，满枝的石榴象征了繁荣、美好、红红火火的日子，剥开后的石榴籽颗粒饱满、晶莹剔透，寓意多子多福，所以许多中国人都喜欢在自家庭院里种植一两棵石榴，以祈求生活的幸福。

而生活在华清池的这棵石榴树，虽然已经走过千年，但它粗壮的枝干依旧盘虬卧龙般错杂交织，每一枝都是那样坚实有力，历经千年不衰。

陕西省 铜川市

艾蒿洼村的“宝藏”
——玄奘手植娑罗树

1300 多年前的大唐开国之初，玄奘法师跋山涉水，万里孤征，历尽千难万险，从印度载回了大量的佛教经典，也带回了不少的佛教圣物。如今，在陕西省铜川市宜君县艾蒿洼村，就保留着当年玄奘西行印度带回的一株古老的娑罗树。

这棵玄奘亲手栽植的“娑罗树”，树龄已有 1300 多年。树高 20 多米，高大雄伟；树冠面积 600 多平方米，蔚为壮观；树围最粗处达到 3.8 米，两个人都很难合抱。大树虽饱经沧桑，现在依然枝繁叶茂，开花结果，好似一个体魄健壮的老人，精神矍铄，苍劲蓬勃。

公元 645 年，学成归来的玄奘再次踏上了大唐长安的土地，他把从印度带来的三粒娑罗子看作宝物一般，精心保管，等待找到一块圣地播种。一年夏天，唐太宗召玄奘到玉华宫避暑，玄奘随身携

娑罗树

玄奘手植娑罗树树皮

带着娑罗子来到玉华宫。这时，唐太宗的御马得了“结症”，宫廷里的御医怎么也治不好。太宗爱马成瘾，急得坐卧不安。玄奘进宫觐见，见此状况，便献出一颗娑罗子，把它研成粉末调成药汤，给马喂下，不多久，这匹宝马就被治愈了。

唐太宗认为这是因为娑罗子具有神力才有如此奇效，于是他御赐了宝地两块，让玄奘亲手将剩下的两颗娑罗子种下。一个在玉华宫肃成殿外，一个在玉华宫的马场，也就是今天艾蒿洼村的所在地。

后来，玉华宫改为寺，玄奘法师来玉华寺译经，将从印度带回的佛经翻译成中文，就住在肃成院。在他的精心呵护下，这两颗娑罗子便长成了参天大树。千年时光流转，玄奘手植的两棵“娑罗树”，一棵已经在 1996 年的夏天，不幸枯萎而死，如今仅剩艾蒿洼村的这一棵了。

千百年来，这个传说在当地口口相传，流传至今，难免产生一些谬误。艾蒿洼村的这棵树虽然是玄奘亲手种植，但并不是一棵真正的娑罗树。

玄奘手植的这棵树，学名叫七叶树，它的树形优美、花大秀丽，果形奇特，是世界著名的观赏树种之一，不少国家都把七叶树作为行道树，用以绿化城市环境。在中国的陕西、甘肃、河北、河南、云南等地都有七叶树的栽培和分布。

但是为何千百年来人们会把它当作是娑罗树呢？七叶树树叶似手掌，多为七个叶片构成而得名。这样的叶片形态与原产印度的娑罗树极为相似，唯一不同的是，原产印度的娑罗树属于龙脑香科，开黄色的小花，只能在热带存活，七叶树是开白色的花朵，在北方也能存活。由于两种树外形相似，中国民间一直把七叶树叫作“娑罗树”，像杭州灵隐寺、北京卧佛寺、大觉寺中的千年七叶树都被人们当作娑罗树来膜拜。

佛经中记载，释迦牟尼居住和讲经说法的地方叫作七叶园，园中种满了七叶树。释迦牟尼涅槃后，他的弟子们第一次集结，统一经法也是在七叶园中。因此七叶树也是佛教的圣树之一。七叶树每年夏初开花，花如塔状，又似烛台，因为叶似手掌，花开时，就像众多佛门弟子手捧烛台纷纷面向佛祖朝拜，为众生祈福。因此，佛门弟子为了纪念佛祖，并表示对佛教的虔诚，都会在寺庙里种植这种七叶树。

七叶树每年 9 到 10 月结果，它的果实在民间被称为娑罗子，娑罗子呈扁球形，形似板栗，表皮坚硬。去掉外皮后，里面的核儿一半红一半黄，俗称阴阳果，象征因果轮回。

娑罗树根

七叶树花

根据现代科学研究显示，娑罗子不仅可以提取淀粉、榨油，也可药用，有理气宽中、和胃止痛的功效。难怪当年玄奘能用娑罗子治好马匹的消化不良。直到现在，当地的很多村民仍然会用娑罗子来治疗疾病。

如今，这棵苍劲的古娑罗树已成了这个偏僻小山村最大的“宝藏”。它守护着这里的村民长达千年之久，没事的时候，大家总爱去大树底下坐坐。

1300 年绵远的岁月，20 多米的伟岸身躯，这棵玄奘手植的娑罗树承载着后人对玄奘永久的尊崇和思念。

陕西省汉中市

十里定军草木香——护墓双桂

陕西省汉中市定军山脚下的武侯墓，是中国历史上杰出的政治家、军事家诸葛亮的长眠之地。墓园之内风景宜人，古树参天。在诸葛亮的墓后，有两棵桂花树比肩而立，树龄已有 1700 多年，高度 16 米左右，树围约 4 米，树龄虽古老，但生机勃勃，它的树叶青翠欲滴、树冠浓荫如盖，犹如大伞般遮护着墓冢，被称为“护墓双桂”。

据《忠武侯祠墓志》记载：两株桂花树为公元 263 年，诸葛亮去世 29 年后才种植在这里的。

诸葛亮生前辅佐刘备建立了蜀汉政权，与东吴、曹魏三分天下，官至丞相，死后封为武乡侯。诸葛亮足智多谋，多次在战争中以少胜多，以弱胜强，“空城计”“草船借箭”“火烧赤壁”等故事至

武侯墓旁的『护墓双桂』

桂花

『护墓双桂』开的桂花

今脍炙人口。他还发明了木牛流马、孔明灯、诸葛连弩。诸葛亮的一生为国家呕心沥血，鞠躬尽瘁，死而后已，一篇《出师表》流芳百世，激励后人尽忠国事，建功立业。

公元234年，诸葛亮在第五次北伐曹魏时，因积劳成疾，病逝于五丈原军中，临终遗命，葬“汉中定军山下”。并表示墓地“不用墙垣砖石，亦不用一切祭物”，诸葛亮作为一朝宰相，权势过人，却一生俭朴，家无余财，即使在死后也依然保持着他节俭克己的作风。因此他的墓地没有太多的装饰，独留青冢一座。29年过后，人们出于对诸葛亮一生文治武功的景仰，在他的墓地旁种下了54棵翠柏，

还栽植了两棵桂花树在坟头，象征着诸葛亮人格魅力和高洁品格。

随着时光的流逝，54 棵翠柏仅余 22 棵。而这两棵桂花树已经成长为参天大树，矗立在诸葛亮的墓后，浓荫庇冢，清雅宜人。

桂花树是中国特有的观赏花木和芳香树，它四季常青，树龄长久，花开之季花色金黄，芳香四溢，深受人们喜爱，在中国的四川、云南、贵州、广东、浙江等地都有分布。据史料记载，人工栽植桂花树的历史已有 2500 多年了，战国时期的诗人屈原在《九歌》中也吟道："援北斗兮酌桂浆，辛夷车兮结桂旗。"其中"桂浆"指的是用桂花酿造的美酒，"桂旗"是用桂花装饰的旗帜。这说明，当时楚国的人们在生活中已经广泛使用桂花了。到了汉代，由于汉武帝的推崇，栽植桂花树蔚然成风。当时桂花树被视为神仙之树，刘安的《淮南子》一书中就有"月中有桂树"的描述，而中秋时节，边赏月边饮桂花酒的传统一直流传至今。古代读书人更是把桂花视为科第吉兆的象征，常喜欢在书院里种一棵桂花树，取"寒窗书剑十年苦，指望蟾宫折桂枝"之意。由于桂花有着健胃生津、化痰止咳、理脾平肝的功效，再加上气味芳香，人们会利用桂花制作各种食物食用。

桂花有金桂、银桂、丹桂、月桂之分，"护墓双桂"为丹桂，每年农历八月开花，有"十里定军草木香"的美誉。与其他桂花树不同，这两棵桂花树在一个月之间有连开三至四次花的奇观，而且它的花瓣也和一般的桂花树不一样，一朵花拥有八片花瓣。

除了花瓣比普通的桂花多，最为神奇的是，根据《忠武侯祠墓

桂花酒

志》记载，这两棵桂树为当地少见的结籽桂树。关于这个记载，还有个有趣的传说。这两棵桂花树在古时候是罕见的结籽桂树，当地的妇女如果不能生孩子的话，会来捡拾桂籽，就能得到诸葛亮的显灵，喜得贵子了。

当然这只是个传说，据林业专家介绍，其实桂花树开花结果是正常现象，只要树龄成熟，周边环境适宜，桂花和其他树木一样，可以年年开花结果。在南方，桂花结果十分普遍，人们繁殖桂花树通常用果实播种。而护墓双桂生长在北方，气温相对偏低，所以结果现象也就相对较少，成了罕见的景象。

如今，这两棵有着 1700 多年的桂花树已经成了汉中市的市树。它们安静地伫立在诸葛亮的墓后，每到清明或仲秋之际，人们来到武侯墓，都会在树下静静地感悟着这寸草寸木所带来的宁静祥和的氛围。

甘肃省天水市

世界生态文化双遗产——南山古柏

甘肃省天水市慧音山的山坳里，有一座历史悠久，风景秀美的古寺，叫作南郭寺。寺里有一棵古老而奇特的植物，它是一棵有着2500年历史的南山古柏。

这棵古树造型奇特，树干分为三枝，一枝已经枯死，另外两枝横逸而出，分别向南北方向伸展。北枝长18米，黛色霜皮，直插云霄；南枝长19.8米，顶端仍然枝叶茂盛，显示着老而弥坚的生命活力。整个古树呈现一个“倒八字”，南北两枝的最高点相距30多米。古树为什么会呈现这样的造型？当地文史爱好者周法天老人曾经做过专门的研究，首先在民间传说中找到了一条线索。

唐朝初年，唐太宗李世民带领军队西征，打完胜仗后来到天水，看到部队人困马乏，就下令扎营休整。秦琼和尉迟敬德两位将军将

南郭寺

南山古柏

他们的战马拴在这棵树上后就离开了，两匹战马调皮乱跑，一下就把树拉开了。

两匹战马拉裂了树干。对于这个传说，文史学者并没有找到可以佐证的史料。加上南山古柏的底部被将近两米高的土层覆盖，已经看不到树干，即使是植物学家也无从知道分枝形成的原因。直到1988年，当地林业部门对古树进行整体复壮保护，刨开了上面的土层，才看出了一些端倪。

树干上分叉，是树木的一个基本特性，为的是拥有更多的枝条，将树叶伸展到更远的空间，获得更多的光能和生存条件。但是，这棵南山古柏的两个分枝却有着120度的夹角，倾斜度惊人，如果没有外力作用，应该不会达到这样的幅度。

根据当地人的研究，最大的外因可能是地质因素。这棵树所在位置是一个滑坡地带，地质学的俗语叫“醉汉沉”。如同人喝酒，要忽忽悠悠慢慢下肚。这种地质上的树长了三枝，本身就有一个离心作用，再加上几千年的“醉汉沉”，慢慢就形成了现在的样子。

不论成因如何，南山古柏的特殊形态和生命力已令观者折服。历史上，无数游人来此目睹它的风采，其中就包括中国历史上著名的两位诗人——“诗仙”李白和“诗圣”杜甫。“佛座灯常灿，禅房香半燃。老僧三五众，古柏几千年。”这是李白在南郭寺留下的诗句。自称“陇西布衣”的李白是怎么来的，怎么走的，没有人知道。比起李白，“诗圣”杜甫与老树的结缘更加清晰真实。

据史料记载，安史之乱后，社会动荡，杜甫携家人来到天水，在当地靠卖药和旁人的周济度日。在他停留的三个多月里，写下了一百多首诗作，其中就有描写南郭寺和古柏的诗句：“山头南郭寺，水号北流泉。老树空庭得，清渠一邑传。”中国有名的两位诗人为同一棵古树作诗，这在中国文学史上，恐怕绝无仅有。

走过了两千多年的岁月，这棵古柏已经呈现出明显的颓势，然而令人称奇的是，在古柏的北枝下面，一棵槐树生长起来。如果按照正常的植物生长规律，这棵槐树应该向西伸展，给自己争取更大的生长空间，但是它却屈居在古柏的粗枝之下，绕着古树的枝干生长，像一个定制的支架，稳稳地托住了古柏。

当地人把古柏比喻成一位年迈的老人，槐树则像一位年轻的小伙子，正当年迈的老人快要摔倒时，年轻小伙子伸开了自己强有力的臂膀支撑着老人。这体现了中国尊老爱幼的传统美德，所以很多人将这棵槐树称为“雷锋树”“孝子树”。

无独有偶，就在100多年前，一颗小叶朴的种子落在了古柏树干分叉的地方，因为树干上覆盖着薄薄的土层，小叶朴开始生根发芽，

南山古柏树干

北枝下槐树支架

慢慢长成一棵大树，形成了独特的“柏抱朴”的景观。现在，两棵树的树根已经互相缠绕在一起，小叶朴利用自身的重力为老树固定了根基，并实现了水土保持。

正所谓“草木有情皆长养，乾坤无地不包容。”自然界的万物包容之心，造就了如此奇特而又和谐的景观。2010 年，南山古柏被授予“世界生态文化双遗产景点”证书，成为全球首株获此殊荣的古树。

走过了 2500 多个春秋，南山古柏如同一个栋梁之心犹存的暮年英雄，伫立在南郭寺中，守望着古老的天水大地。

甘肃省天水市 吉祥的化身——千年双玉兰

每年的清明前后，甘肃省天水市甘泉镇的太平寺里，两株古老、高大的玉兰树，花开近千朵，为人们营造出一片美丽的春景。这两棵玉兰树萌生于唐朝，已经 1200 多岁，因此被称为“千年双玉兰”。树高超过 15 米，树围最粗处 2.5 米。两棵玉兰树开出的花朵颜色并不相同，一白一紫，相映成趣。

玉兰花的外形极像莲花，花瓣饱满而舒展，再加上清香阵阵，沁人心脾，所以玉兰树很早就成为宫苑和寺庙的景观树种。“千年双玉兰”所在的太平寺，就是一座历史悠久的寺庙。在当地文史学者石庭秀的记忆中，玉兰树所在的地方，一直被老百姓们称为“大寺门”。北魏时候就有太平寺，僧人有 400 人，他们祖先的祖先，就把这里一直称为大寺门。这两棵玉兰树就在大寺门的山门口挺立着。

太平寺中的玉兰树

千年双玉兰开的花

千年双玉兰

太平寺现在的规模不大，但历史上却相当辉煌，这与它所在的方位有关。天水市麦积区，是汉唐以来“丝绸之路”的重镇，是佛教东进的途经之地和传播的兴盛地。境内兴建寺塔，开窟造像，诞生了素有“东方雕塑馆”之称的麦积山石窟，其中一个微笑的小沙弥造像，被誉为可以媲美《蒙娜丽莎》的“东方的微笑”。而麦积山石窟开凿的年代，恰好是太平寺香火最盛的时期，千年双玉兰也应运而生，可以说佛缘深厚，当地的僧人们也把它们视为吉祥的化身。

玉兰是中国著名的早春花木。玉兰花开放时绚烂至极，花期却只有十天左右，这种短暂的美好为它平添一种侠义孤傲之气，这种独特的气质恰恰与玉兰花由来的民间传说一脉相承。

相传很久以前，深山里住着三姐妹：红玉兰、白玉兰和黄玉兰。一天，她们下山时发现村子里一片死寂。原来秦始皇赶山填海，杀死了龙王的公主，于是龙王紧锁盐库，不让当地人吃盐，最终导致瘟疫发生。三姐妹十分同情村民，经过几番危险的较量，她们将盐仓凿穿，把所有的盐都浸入海水中。村民得救了，三姐妹却被龙王变作花树，后人为了纪念她们，就把这种花称为“玉兰花”。

太平寺里的这两棵玉兰树走过了千年的岁月，现在依然生机勃勃。关于它长寿的秘诀，除了气候适宜、土质肥沃，最重要的原因是水的滋养。就在这两棵玉兰树的十米开外，有一道泉水，名叫甘泉。据当地人介绍，常年饮用甘泉水，可以达到神清目明、皮肤白嫩的效果。难怪生活在周边的孩子们各个皮肤白皙，而“天水白娃娃”正是外地对天水籍姑娘的美称。

“名山出名水，名水育名树”，在当地人看来，正是这天赐甘泉的哺育，才有了天水青山绿水的环境，有了双玉兰树千年不老的绰约风姿。到了上世纪80年代，当地百姓发现，这两棵玉兰树的周围，从没有发现过它的幼苗。于是就有热心人开始实验。在前3年的时间里，种子基本没有发芽，后来，人们偶然间发现了育种成败的关键：原来，玉兰的种子天生就包裹着一身油脂胞衣，只有去掉这层胞衣，种子才能发芽。

千年双玉兰树

虽然没有亲自参与育种的过程，但是天水市玉兰村村民蒋天佑却在第一批种苗成活后，把幼苗拿回家栽种。现在，这棵玉兰树树龄已经有 30 年了。

如今，在太平寺的周围，很多的家庭都种上了“千年双玉兰”的子树，过去作为宫廷苑囿、寺庙道观专用的景观树，已经花落寻常百姓家。日复一日，年复一年，就在人与树的相依相伴中，“千年双玉兰”褪去了身上华贵、超脱的气质，成为周围百姓抬眼即见的“邻里乡亲”。春天，玉兰花开，人们在树下赏花，收集落下的辛夷做药，捡拾掉落的花瓣晾干冲茶；夏天，人们在玉兰树茂密的树荫下乘凉；秋天，人们收获玉兰的种子；冬季，人与树一起迎来新年。树下的人换了一代又一代，但是人与树之间的情意，却跨越时空，历久弥醇。

第六章

独具风格的绿色赞歌

西南地区

四川省雅安市

皇帝木——桢楠王

清嘉庆四年，就在乾隆驾崩后的第15天，嘉庆皇帝颁发御旨，赐死了前朝重臣和珅。在和珅的20条死罪中，竟有一条是与一种树木有关。究竟是什么样的树让和珅获此大罪呢？在四川雅安荥经县的云峰寺内，有一种颇具传奇色彩的树木——桢楠。桢楠自古以来就被称为“皇帝木”，是专门用于建造皇家宫殿、寺庙的御用木材，就连古代帝王的龙椅宝座也是选用优质的桢楠木制成的。民间如果有人擅用，就是逾越礼治的重罪。和珅当年被嘉庆皇帝定罪，其中一大罪，就是砍了这种树。

桢楠俗称金丝楠，是中国特有的珍贵树种，历史上主要产自四川、云南、贵州等地。目前，自然生长的成材桢楠近乎绝迹，如今，四川云峰寺里还存活着两棵1700岁的古树，由于生长速度极为缓慢，30米的高度和6米的树围已经是非常难得了。这两棵中国古老的桢楠，历经千年的风霜依然枝繁叶茂，保持着旺盛的生命力，被誉为“桢楠王”。

传说在唐朝时，一位僧人云游至此，在当时已有几百岁树龄的桢楠树下创建了云峰寺。虽然寺庙历经各朝各代的战乱，却仍反复重建而保存至今，成为西南地区一座名刹。寺内的僧人们将桢楠作

桢楠王

为神树广为栽种，最多时曾达千余棵，至今仍然保存了 186 棵古桢楠，其中树龄达千年以上的就有 30 多棵，形成了西南地区罕见的桢楠群落。

桢楠的珍贵之处不仅在于它天然具有的金色光泽，独有的木香还可以使桢楠木百虫不侵，用它制作的建筑和家具千年不腐、万年不朽，所以古时皇帝的棺木也大多选用这种木材制成。除了皇家建筑，历史上也有少数寺庙是用桢楠木建造的。在位于荥经县城的开善寺，至今还完整地保存着一座全楠木的正殿。500 多年过去了，木材的金丝虽然已经难寻踪迹，但是它的材质依然不腐不烂。“5·12”汶川特大地震发生时，周围的多处房屋都损毁严重，而这座大殿却依然屹立不倒。

桢楠是楠木的一种，是几百种楠木中最为珍贵的品种，尤其是四川中部所产的桢楠最为著名。一棵桢楠至少要百年以上的时间才能生长出黄金般的条纹，不过也并非所有的桢楠树都能生长出金丝纹，而四川雅安地区因为温暖湿润的气候非常适宜桢楠的生长，所以才棵棵都含有金线。明清时期的皇家用材基本出自这里。

由于桢楠大多生长在深山莽林中，毒蛇猛兽出没，砍伐极为困难。明代民谣中就有：“伐木者入山一千，出山五百”的记载，加上当时的蜀道难于上青天，有“一根楠木一条命”的说法。

由于被大量砍伐，金丝楠木在明朝就已经濒临灭绝，到了清朝，极其喜爱金丝楠木的乾隆皇帝连做家具的木材都已经很难找

开善寺中的桢楠木雕饰

到了。云峰寺中的这些古桢楠虽然没有被官府征用，却也不断遭遇着战乱灾祸。1935 年，当时四川的大军阀刘文辉来到云峰寺驻扎，就曾引发了一场火灾。由于枯树干中的空洞形成了自然的烟道，火势汹汹一时难以控制。众人手忙脚乱地一番扑救，才最终将火慢慢熄灭。但是奇怪的是，这棵经历了火灾的桢楠第二年却焕发了新的生机。

一枯一荣的奇特景观让人惊叹，两棵历世千年的桢楠王幸存到了今天。1984 年，中国国务院把桢楠列入《珍稀濒危保护植物名录》和《重点保护植物名录》，加大了保护力度，禁止砍伐。今天，虽然金丝楠木家具已经成为收藏的热点，但是却已一木难求。所幸的是，当地的林业部门已经开始人工种植，云峰寺这片古桢楠林也就成为难得的采种基地。通过现代的技术手段，桢楠的成材速度将比野生的树种更快，在未来，金丝楠木将不再只是皇家的专宠和历史的传说，而云峰寺这两棵千年桢楠王，也将继续在这里开枝散叶，创造着新的传奇。

四川省雅安市 生命的奇迹——红豆树

四川省雅安市的后盐村是一个被群山环抱的小山村，这里山林叠翠，溪水潺潺，古朴的农舍掩映在竹林间，置身其中，恍如世外桃源。在村落中，生长着一棵树龄接近2000年的雅安红豆树，粗壮的主干高耸入云，近45米的树高，相当于15层楼的高度，树围最粗处达到10米左右，8个成年人才能围抱。

走过千年岁月，雅安红豆树依然有着旺盛的生命力，400多平方米的树冠遮天蔽日，绿荫如盖。在当地林业工作人员眼中，这是一个生命的奇迹。

这棵红豆树又叫相思树，是目前发现中国最大的一棵红豆树，虽然将近2000年，但现在仍然枝繁叶茂。它倾斜地生长在形如卧虎的巨石之上，蜷曲的树根向周围延伸近30米，缠抱着树下的岩石块，

红豆树

红豆树根

像一只巨大的龙爪，扎入到地底深处，巍然屹立在密林之中，显得神秘而古朴。

在这片山中，这是仅有的一棵红豆树，在2000多年以前，由于地质发生变化，造成物种变化，它的果实无法通过人工或者自然生长，所以到目前为止只有一棵。

大自然神奇的造化给雅安红豆树带来了很多不可思议的改变。普通的红豆树每年4月开花，10月结果，一年换一次叶，开一次花，结一次果。而这棵屹立了数千年之久的红豆树，却与众不同，开花、结果、掉叶，没有规律性，有时三年开一次花，换一次叶。有时四至五年开一次花，换一次叶。秋天的时候周围的树都掉叶了，而这棵树仍然枝繁叶茂，到冬天的时候，其他的树都秃了，这棵树有时还发新芽。

据后盐村地方志记载，雅安红豆树每十年才结一次果实，最近一次结果是在2012年，这样推算，它下一次结果的时间预计是在

红豆果

2022年左右。经过漫长的等待才能收获的红豆，在人们看来无比珍贵。当地人会在结果之时等候在树下，幸运的话就能捡到几颗落地的豆角，掰开之后，里面镶嵌着成双成对的红豆果。

红豆又称相思豆，被誉为地球上最美的心形种子。它色艳如血、形似一颗跳动的心脏；质地坚硬如铁，常年不腐不烂。在中国，人们自古就把它作为坚贞不渝的情感象征和表达思念之情的信物。著名诗人王维曾写下一首脍炙人口的唐诗：红豆生南国，春来发几枝，愿君多采撷，此物最相思。

在后盐村，这棵古老的红豆树就是天定的月老。每当人们定情或者嫁娶的时候，都要来到树下许愿。对于这里的村民来说，红豆树早已融入了他们的日常生活。与中国大多数农村一样，后盐村里的年轻人大多选择外出务工。离家之前，他们都会到雅安红豆树下祭拜，祈求外出平安，父母安康。而离家的游子在回家之后，放下包袱，就会来到树下报一声平安。

后盐村茶园

在后盐村村民的心中，这棵千年红豆树，早已化身为爱情、友情、亲情和乡愁的象征。人们对它倍加珍惜，用尽一切办法呵护它的健康。

这种传统传承了一代又一代。每逢干旱，青年挑水，老人泼水，帮助红豆树渡过难关。

对于村民们的关爱，雅安红豆树也用自己的方式回报他们。如今，每年有数万名游客为树而来，后盐村也借势发展起了农家乐。家乡经济的发展，让外出打工的年轻人陆续回到了村中。这个望得见山、看得见水，记得住乡愁的小山村又重新焕发出勃勃生机。

四川省剑阁县

心灵的依托
——张飞柏

在四川省剑阁县和梓潼县境内的古蜀道上，12000 多棵人工栽植的古柏，组成了一道绿色长廊，被称为“翠云廊”，这是世界上最大的古柏树群落，号称“三百长程十万树”。其中，最著名也最传奇的一棵柏树，当数这棵“张飞柏”。

这是一棵 1800 多岁的古柏，树干笔直修长，高 29 米，几乎有 10 层楼的高度。树围最粗处 1.8 米，虽然树龄古老，但仍然苍翠挺拔。

在翠云廊所有的柏树中，这棵“张飞柏”可谓独树一帜。虽然是一棵柏树，身上却有着诸多松树的特征。树皮的纹路不是柏树的鳞甲状裂纹，而是松树的线状裂纹。最为奇特的是，它的果实呈椭圆形，比松果略小，比普通的柏果略大一些。

古蜀道

张飞柏

张飞，是三国时期蜀国大将，官至车骑将军，戎马一生，为蜀汉政权立下汗马功劳。在民间，张飞勇猛有义、疾恶如仇、鲁莽但不乏细致的形象深入人心。公元200年左右，刘备计划在四川建立政权，然后北伐中原，重振汉室。为了便于军队北上，命令张飞重修蜀道，并在道路两旁栽种树苗。张飞特地选择柏树栽种，其中自有深意。

柏树和松树是常年长青的，蕴含着江山永固万古长青的理念。所以张飞根据当地土壤、气候条件和这理念，决定种植柏树。

在种树的过程中，相传某个晚上，张飞梦到玉皇大帝赠给他一松一柏两棵宝树，让他种在蜀道上。醒来后，他果然发现了两棵树苗。张飞非常高兴，然后骑上马，飞奔到了这个地方，叫作大柏树湾。张飞是个猛将，心里太激动，加上用力太猛，当他把这个树从手里拿开以后一看，这两棵树就粘在一起了。但是栽的人并不告诉他，害怕他脾气暴躁而发火，就这样一起栽下了。

张飞柏果实

树苗被种下后，没有水浇灌，张飞心急如焚，吼叫着举起拳头砸向地面，三拳之后，地下的山泉喷涌而出，形成了一口水井。而受到浇灌的树苗，瞬间长成了一株大树，既像松树，也像柏树。按照这个传说，一松一柏被张飞捏在了一起，造就了这棵传奇的“张飞柏”。

1800多年来，这棵独一无二的“张飞柏”和其他古柏一起，像高大威严的士兵，守卫着古蜀道。它们不仅可以防止水土流失，保护路基不会垮塌，还大大方便了军队、商贾和其他路人通行。炎炎夏日，还可以为来往行人遮阴避暑。此外，它还是计算里程的工具。每棵树之间的距离，大概就是现在的3米。比方说从剑阁县城一直数下去，数到汉中大概有多少棵树，大概就是多少里路。

古时候，人们走在上百公里长的崎岖山路上，这棵棵古柏，既是人们依仗的路标，也是随行的伙伴，伴着人们走过漫长而艰辛的旅途。正因如此，自古以来，无论官方民间，都对这些古柏爱护有加。

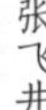
张飞井

古蜀道上张飞纪念处

得益于人们的细心呵护，这棵历经了1800年风霜雨雪的“张飞柏”，依然生机盎然。当地百姓也把这棵特殊的古树视为心灵的依托。

一棵古树，一段历史；一个生命，一段传奇。如今，当人们漫步在古蜀道翠云廊，近距离接触这些巍然屹立千年之久的古柏，依然能感受古蜀文化的深厚积淀，感受到历史车轮的滚滚向前。

云南省西双版纳傣族自治州

世界上最高的树种——西双版纳望天树

在位于中国云南的西双版纳热带雨林国家公园里，有一个以树命名的景区，为一种树木建立一个景区，这在整个西双版纳地区是独一无二的。这种大树树干笔直，高达数十米。每年有几十万游客来到这里，就是为了一睹它的风采。

这种树叫望天树。望天树是目前中国已知最高的树种，平均高度在 50 米左右，其中一棵 200 多年树龄的望天树尤为高大，给人一种鹤立鸡群的感觉。它是整个景区中树龄最为古老的一棵，树围最粗处将近 6 米，树高有 70 多米，相当于一栋 20 多层大楼的高度。树干高耸入云，没有多余的树杈，只有到了五六十米的高度，才开始出现大片的枝叶，这些枝叶向四周伸展开来，就像撑开了一把巨大的雨伞。站在树下需要把头仰到最大的角度才能勉强看到树顶。

望天树仰望

空中走廊

要观测这些望天树，仅在树下是无法一窥全貌的，为此人们在它们的树干中间用铁索搭建了一条仅供一人通行的“空中走廊”，用来观测望天树的生长情况，因为在这个高度，能够清楚地观测到望天树开花结果，病虫害和它本身的生长情况。

这条长度500多米的“空中走廊”，连接了几十棵望天树，距离地面最高处有36米，是目前中国架设在大树上最高的“空中走廊”。站在这样的“走廊”上，呈现在眼前的画面让人十分震撼。遮天蔽日的热带雨林被踩在脚下，而在地面上看起来若隐若现的望天树树冠，也可以清晰地观测到。因此，这条“空中走廊”也成为了一个著名的景点，很多胆大的游客来到这里就是为了体验行走在热带雨林上空那种惊心动魄的震撼。

望天树种子

西双版纳热带雨林国家公园是世界上唯一有望天树生长的地方，在 20 多平方公里的区域内，分布着 400 多棵望天树。1999 年，望天树被列为中国一级保护植物，除了数量稀少的原因之外，还因为它的发现在中国植物史上具有划时代的意义。

1974 年，云南省林业部门组织了一个调查队，到西双版纳州勐腊县境内考察热带植物，在这次调查活动中，他们无意中了解到，当地有一种不知道名字的大树。这些专家把枝、叶、花的标本采下来，通过鉴定发现这是一种新树种。专家把这种新发现的树种命名为望天树，它属于龙脑香科植物，它的发现标志着在中国境内第一次有了热带雨林的标志性树种。

大自然的神奇无处不在，作为世界上最高的树种，为了让种子可以安全地落到地面繁衍生息，望天树演化出一种奇妙的生存形态。望天树的种子，最大的一个特点是五个果翅，为螺旋形状，转着掉下来，这样减缓种子下坠的速度，保护了种子的成活率。

植物学家们对于望天树的研究才刚刚起步，不过，对于生活在这里的傣族居民来说，望天树与他们世代相伴了千年之久，在傣族人的心目中，这些望天树有着不平凡的来历。

当年佛祖到勐腊地区来讲经，天气突然下雨了，孔雀就衔来一颗望天树的种子，种子很快萌芽，就形成了一把巨伞。为佛祖挡风蔽雨，因此，傣族人民把望天树叫作“伞把树”。各民族的信徒向佛祖献上了茶水。佛祖将茶水倒向天地，就幻变成这么一条河，所以起名叫南腊河，茶水之河。

在南腊河两岸，除了珍稀的望天树之外，还孕育了几百种野生动植物，它们一起构成了一幅美丽的热带雨林风光。雨季长达 5 个月的热带湿润区非常适宜望天树的生长，据当地林业部门介绍，他们曾经对一棵望天树进行过跟踪测量和分析。一棵 30 岁的望天树，可以长到近 40 米，树围最大可到 1.5 米左右。不过望天树的生长速度并不是一成不变的。经过林业专家观测，望天树长到五六十米的高度时，它的生长就减慢了下来。像这棵最年长的望天树，不论是高度和树围，已经好几年没有变化，逐渐进入了“老龄”状态。

望天树的自然繁育能力非常差，因为在种子落下来过程当中，有很大一部分落到树冠上，几天时间，种子不发芽的就会腐烂，也就失去了生命力。鉴于此况，从 20 世纪 90 年代开始，云南省林业部门开始研究人工繁育望天树，如今，在西双版纳地区已经人工种植了几千株望天树。在这片中国最南端的热带雨林中，曾经濒临灭绝的望天树正在焕发着勃勃生机。

云南省普洱市

世界茶王
——千家寨野生古茶树

在位于中国云南普洱市镇沅县境内的哀牢山国家级自然保护区，有一个叫千家寨的地方，这里群山环抱，人迹罕至，却因一棵被称为“世界茶王”的野生古茶树而闻名天下。

这棵野生茶树王生长在海拔 2450 米的山坡上。高 26 米，胸围 3 米，树龄 2700 年，是迄今为止发现的世界上最大、最古老的野生茶树。它的树干特别粗壮，需要两个成年人才能合抱。树干背阴的部分长满了苔藓，向阳的部分树皮光滑，在阳光的照射下，呈现出明亮的灰白色。这棵茶树王的树干并不是笔直朝上的，在距离地面 5 米多高的树干上有一个粗壮的分枝，向一旁延伸出十几米，分枝下部已经枯死，长满了苔藓和藤蔓，但是上部却依然生机勃勃，枝叶繁茂。树冠面积达 30 多平方米。林业专家介绍，在这棵野生茶树王的周围，他们发现了大大小小几十株野生茶树，经过鉴定，都是“茶树王”的后代。

茶树原产于中国。中国被称为茶的故乡，制茶、饮茶的历史已经延续了几千年。东汉时期的《神农本草》中有这样的记载，“神农尝百草，日遇七十二毒，得茶而解之”。在中国，茶最初是作为药用，后来发展成为脍炙人口的饮品。

然而，到了 19 世纪的时候，中国作为茶树原产地的说法，遭到

千家寨野生古茶树

了一些外国学者的质疑。1824 年，英国人普鲁士发现，在印度阿萨姆发现野生茶树，称那是世界茶树原产地。

关于茶树起源的争论，一直延续到 20 世纪 90 年代。1992 年 2 月，千家寨的两个村民到山上放牛的时候，偶然间发现了一棵非常高大的茶树，他们把这个消息告诉了在当地做调研的林业专家，经过专业检测确定这是一棵千年野生古茶树。

千家寨野生茶树王的发现，让一个多世纪以来的茶树起源之争尘埃落定，世界上最古老的野生茶树就产在中国。如今，在镇沅县专门设立了千家寨古茶树群落保护区，这个保护区占地两万多亩，树龄在千年以上的野生茶树就有一万多棵。

千家寨地处哀牢山国家级自然保护区，是中国目前保护面积最大、植被最完整的亚热带中山湿性阔叶林。这里常年湿润多雨，特殊的气候条件，造就了适合茶树生长的环境，也使得“茶树王”能存活 2700 年之久。

千家寨的这棵野生茶树王，因为产地在普洱地区，也被称为普洱茶的“始祖”。普洱茶分为生茶和熟茶两种，外形做成茶砖或茶饼的样子，颜色大都是黑红色，茶汤红润明亮，香气独特。普洱茶的历史非常悠久，在唐代，普洱茶就作为贡品进献给皇室。到了清朝，当时宫廷里流传着“冬饮普洱，夏饮龙井”的说法。而关于普洱茶的起源，在云南流传着很多有趣的传说。

相传，三国时期的蜀国军师诸葛亮，率兵西征来到西双版纳，士兵们由于水土不服，很多人都患上了眼病。诸葛亮拄着随身带的一根拐杖四下察看，后来，那根拐杖变成了一棵茶树，士兵们摘下叶子煮水喝，

祭拜仪式

眼病很快就好了。从此，这里的人们就开始种植茶树，饮用茶叶。

云南普洱因茶而得名，因茶而兴盛，千百年来当地一直保留着各种祭祀茶树的风俗。在这棵野生茶树王旁边，立有一个木牌，上面写着“茶祖”二字。在过去，每年春季，周边的村民都会到这里来祭拜。现如今，为了保护茶园环境，在距离千家寨野生茶树王几公里的地方，当地政府修建了一个祭拜茶树王的祭台，每隔两三年，都会举行一次隆重的祭拜仪式。

居住在千家寨附近的几百户居民，大多数还是以采茶、制茶为生，在十多年之前，当地村民就将千家寨野生古茶树的树苗移植下山，栽种在自己的房前屋后。现在每年春季采茶的时节，村民们不用再结伴上山采摘野茶。种植的茶树生产出来的茶叶，依然保留着千家寨野生茶树的风味。

正是得益于村民对野生古茶树的感激之情，无意中也保护了这片大自然赋予我们的瑰宝。这棵茶树王才能历经千年，保留到现在，依然生机勃勃。

云南省风庆县

高山云雾产好茶——锦绣茶祖

在云南省凤庆县的锦绣村，这棵被村庄和茶园环抱的古茶树，树围达到 5.8 米，是世界上已发现的最粗大的茶树。同时，它也是地球上最古老的栽培型茶树，近 30 多年间，国内外的林业工作者几次为它测算树龄，得出的结果是大约 3200 年。这意味着它比秦始皇年长 1000 岁，比孔子大 700 岁，甚至比商纣王还早 100 年来到世间。因为树龄古老，又长在锦绣村，它被誉为“锦绣茶祖”。

让人好奇的是，3000 多年后的今天，人们是如何确定它是人工种植而不是一棵野生茶树呢？

滇红制作技艺大师王天权断言此树是人工种植而不是野生的，主要是根据它的芽，它的芽不是隼状的，芽萌生的时候，一叶就打开了，这是人工栽培型的一个显著特点。

古茶树

锦绣村

茶园

“茶者，南方之嘉木也”。早在唐朝，“茶圣”陆羽在其著作《茶经》中写道：“茶之为饮，发乎神农氏。”相传，神农在野外以釜锅煮水时，刚好有几片叶子飘进锅里。煮好的水，其色微黄，喝入口中生津止渴、提神醒脑。神农以尝百草的经验，判断它是一种良药——这就是中国饮茶起源最普遍的说法。那么，在远离中原的云南，根据当地林业工作者和文史学者的研究，3200多年前种茶之人是生活在这里的古老先民——濮人。

根据《华阳国志》的记载，在公元前1000多年，当年周武王伐纣，率领这些濮人参与。后来濮人给周武王进贡了茶叶、宝石，可

烤茶

『锦绣茶祖』茶叶加工成的红茶

以说这个区域应该是发现古茶树最早的地区。像锦绣茶王的茶种，应该是人类最早开发利用的茶种。

“锦绣茶祖”的品种属于大叶种茶，这是一个具有自身独特个性的栽培品种。因为叶片的面积较大，叶子光合作用充分，茶里的茶多酚和内含物含量更为丰富。加上古树树大根深，土壤里的微量元素被它大量吸收，使得茶叶的品质相当突出，而且有着超强的“可塑性”，它的茶叶几乎可以用来加工红茶、绿茶、乌龙茶等任何一种茶，而且都有着极高的口碑。

不同的加工工艺，带来了不同的茶韵和茶味。值得庆幸的是，虽然“锦绣茶祖”已有3200多岁高龄，却依然充满生机。这得益于云南当地特殊的气候环境。这里冬无严寒，夏无酷暑，雨热同季，云雾较多，湿度偏重，具备“高山云雾产好茶”的自然条件。

3000多年来，在这棵古茶树的身边，生出了大大小小1400多棵子孙树，锦绣村的茶树几乎全部拜它所赐。村民们在这巨大的茶园中，生活了一代又一代。60多岁的韩国景，更偏爱一种古老的饮茶习惯——烤茶。把铁罐用火烤热后，放入茶叶，不断抖动铁罐，使茶叶慢慢膨胀变黄，当茶香四溢时，再加热水，烧开后即可饮用。

对于当地人来说，茶既像柴米油盐一样在生活中须臾不可离，也承载着人们对时光和生命的深刻记忆。在他们眼里，古茶树是不可亵渎的神灵，摘一片能治百病，折一枝却会伤身。逢年过节，周围的村民都会齐聚于此，举行隆重的祭拜仪式。

好多都是濮人的后裔（现有布朗族、德昂族、佤族等），有着几千年的积淀，已经把茶叶上升到很高的高度。布朗族敬茶、爱茶，茶叶进入了他们日常生活当中，婚丧嫁娶、祭祀都离不开茶。

“锦绣茶祖”既承载着乡情，支撑着当地人的生活，同时也是中国茶叶栽培史的重要见证，是中华悠久茶历史的有力佐证。现在，当地政府专门立法保护这棵古茶树。不过，和其他古树保护的形式不同，人们相信这个古老生命与自然界已经达成了默契，所以从不人为干预它的生长，只是远远地看护它，由衷地感恩和祝福它，一切顺其自然。

云南省昆明市 守护一方安宁——“九头龙树王”

云南昆明阳宗镇的宝珠山上，有一座龙泉寺，这座千年古刹之所以远近闻名，得益于寺内一棵1200多年的黄连木。这棵33米高的大树，树围最粗处接近10米，需要六七个成年人才能合抱。它的主干垂直向上生长，离地六米处分生出9个分杈，虽然历经沧桑，依然枝繁叶茂，遮天蔽日，把半个龙泉寺都笼罩在绿色的树荫下。

当地林业站的站长马骏介绍：在6米以上的地方它就不断地分出9个大的主枝，每个主枝上又分出若干侧枝，这侧枝就像一条条巨龙的龙爪，远远看去就宛如9条巨龙直冲云霄，所以当地的村民把这棵树叫作“九头龙树王”。

“九头龙树王”栽植于唐朝，它的来历充满了传奇。因为特别的造型，被当地人称为“太极潭”。相传，“九龙头树王”的诞生与它有着极大的渊源。这个龙潭像太极一样，由内潭和外潭组成，内潭储水，然后绕着中间的一个阳极流出去，所以它称为“太极潭”，不远处就诞生了这棵龙树。“九头龙树王”被当地人奉为神树，集中了日月精华和天地灵气。人们在树旁搭建神龛，供奉香火，到了明洪武年间，人们又围绕着这棵树修建起了寺庙，由于历朝历代僧人和百姓对它的推崇和保护，“九头龙树王”历经千年，依然生机勃勃。

龙泉寺

九头龙树王

黄连木是中国原生树种，由于适应环境的能力极强，在中国分布十分广泛，北自黄河流域，南至两广及西南各省都能看到它的身影，对于中国人来说，黄连木还有一个特殊的意义，在民间它又被称为“楷木”，自古就是尊师重教的象征。

传说孔子去世之后，他的弟子子贡在墓旁“结庐”守墓6年，并把楷木苗植于墓前，长成大树后，树干挺拔，正直浩然，被誉为“诸树之榜样”。后来人们就把“楷木”和另一种传说中长在周公墓上的“模

木”合称为“楷模”，用来赞颂那些品德高尚、可为师表的榜样人物。

无论是神奇的民间传说，还是流传至今的历史典故，都赋予了古老的黄连木独特的文化内涵，但是，让它焕发持久生命力的根本原因，却是阳宗当地流传千年的树崇拜文化。

在中国，很多民族都有崇拜树木的传统，它源于远古先民们对世间万物的敬畏之心，也象征着人们对生命永恒和生命繁衍的渴望与寄托。

阳宗镇历史上曾是彝族的聚集地，当地的彝族先民自古就把黄连木当作“风水树”，凡遇久旱无雨或是逢年过节之时，便会来到黄连木前焚香祭拜，以求风调雨顺，五谷丰登。这个流传千年的传统在当地被称为“祭龙树”。特别是云南及少数民族地区，像彝族、撒尼族等地方，村庄房前屋后，特别在一些寺庙，黄连木非常多，分布广泛。每年元宵节期间，两炷高 6 米、直径 1.3 米的巨型高香，就会被供奉在龙泉寺的大门外，用来祭祀九头龙树王。正月十四是这里最隆重的日子，敬香者的两炷高香一旦点着，一直要烧两三个月，它能保佑天下的百姓风调雨顺。

在人们的爱护下，“九头龙树王”度过了 1200 多年的岁月。近年来，由于云南地区持续干旱，当地民众为了保护古树，特地引水上山，为其浇灌。现在，“九头龙树王”依然绿荫如盖，耸立寺中，像一个气宇轩昂的长者，守护着一方的安宁。

贵州省印江县 世界上最大的紫薇树——梵净山紫薇王

在中国贵州省印江县的梵净山，有一个以树命名的景点——紫薇园，园内随处可见密若繁星的紫薇花。紫薇园里最著名的是一棵有着1380年树龄的紫薇，虽然历经千年风霜，但枝叶依然苍翠茂盛。这棵紫薇树树围最粗处有5.6米，树高34米，是世界上最大的一棵紫薇树。

当地人把这棵“紫薇王”奉为“神树”，每逢节假日时，就有不少人聚集在这里，进行祭拜。在当地土家族人的风俗中，这棵“紫薇王”树被敬称为“干爹”，而这个风俗起源于一个流传百年的故事。

很久以前，土司王子的小儿子去山里玩，回来之后就皮肤过敏，经常发高烧，请当地的名医医治也没有效果。土司王子很着急，让人四处寻找妙方，听人说梵净山下有棵神树，拜祭后用树皮可以治病。

梵净山紫薇王

紫薇花

抱着试试看的态度，土司王子给小儿子喝了树皮煎的水，结果几天后儿子的病果然好了。后来土司王子让他们的族人到此地来祭拜这棵神树。这个风俗延续至今，当地的许多村民家小孩生病了或者考取功名了都来祭拜这棵神树。

在中国的56个民族中，很多民族的祖先都与树木结下了深厚的感情。为了生存和生活的需要，他们崇仰树木，将树木作为情感上的依托，在很多地区的传说中，也有着类似“树精”“树仙”的故事，大树也成为了很多民族的图腾。

对树木祭拜的风俗展现的是中国先民们渴望繁衍、渴望强大的生存意识。不过这棵“紫薇王”神奇的治病功效，却是真实存在的。

紫薇在《本草纲目》《中华本草》里面都记载了它的花、果、叶、根和树皮都能入药，主要功能是清热、利湿、止血、止痛、止痢，当地的村民也用它来做药。如有小孩拉肚子，就用树皮来熬水喝。牙痛也可以用根熬水来医治。

紫薇的树皮药用价值最大，但将紫薇的树皮全部剥下，却不会影响它的生长。紫薇树跟蛇的习性一样，年年生皮，年年蜕皮，脱落下来的树皮正好入药。由于蜕皮后的树干像婴儿的皮肤一样平滑细腻，连猴子都爬不上去，因此在北方，人们也把紫薇树称为“猴刺脱”。

除了每年脱皮之外，紫薇树还有一个神奇的特性，当人们用手抚摸它的树干时，树的顶端枝叶就会左右摆动起来，就好像怕痒难忍似的，所以在民间人们又把它称为“痒痒树”。关于紫薇树为什么怕痒，不少人认为可能是因为生物电的关系，树干能将外界的刺激反应，迅速地传递到树梢，而后引起枝条的摆动，但是更深层次的原因有待人们进一步探索。

不过与这些紫薇家族的“小字辈”不同，“紫薇王”却不怕痒，林业专家解释，可能是由于树龄太过古老，一般的紫薇寿命只有 500 多岁，但是“紫薇王”已经活了 1300 多年，现如今身体的一些机能已经衰退，树干也就变得不再那么敏感了。

紫薇树每年 6 月开花，花期长达 5 个多月，是地球上花期最长的植物。自古很多文人墨客也对紫薇花宠爱有加，宋代诗人杨万里就曾写下了“谁道花无红百日，紫薇长放半年花”，以此来夸赞紫薇。这棵紫薇王因为树体大了，需要储蓄能量，平均三年开一次。那些小一点的紫薇树一年开一次花，每开一次，要么是白色的，要么是粉红色的。但是这棵树，它开一次这几种颜色都有，首先开的是白花，然后逐渐变成黄花，最后变成粉红色的，非常好看。

“紫薇王”历经千年依然生机勃勃，跟它的根系发达有很大的关系。据林业专家考证，它最长的一处根茎已经延伸到 300 多米以外，紧紧地和梵净山联系在了一起，如今古老的“紫薇王”以它种种神奇之处吸引着无数游人，成为梵净山中一道独特的风景。

西藏自治区林芝市

“世界屋脊”上的神树——林芝古桑王

一提起西藏，人们想到的往往是皑皑白雪，广袤荒原，但是，在西藏的东南部有一个美丽的地方，被誉为“西藏小江南”，这就是林芝。那里风景秀丽，森林茂密，一株古桑树在尼洋河畔的帮纳村边已经静静伫立了1600年。它是世界上最古老的桑树，被称为“世界桑树王”。

这棵古老的桑树树高7.4米，胸围13米，它的树枝占地面积有半亩地，有一年发洪水，庞大的枝干在洪水中挽救了全村人的生命，村民们对这棵古桑树充满了崇敬之情，古桑树也因此被帮纳村人视为吉祥之物，加以顶礼膜拜。

西藏林芝

中国是世界上最早种桑养蚕的国家，桑树的栽培史已达4000多年，但是一般都分布在海拔1200米以下的地区。那么，在平均海拔4000米，有“世界屋脊”之称的青藏高原上，怎么会有桑树出现呢？据当地老人们说，这是文成公主种下的树。

文成公主是唐朝任城王李道宗的女儿，她聪慧美丽，知书达理。唐贞观十四年，也就是公元640年，文成公主奉唐太宗之命和亲吐蕃，也就是今天的西藏，成为松赞干布的王后。文成公主进藏后把中原地区的纺织、陶器、造纸、酿酒等工艺传到藏区，也给雪域高原带去了诗文、农书、医典、历法等典籍，有力地促进了当地经济文化的发展。在文成公主带去的众多物品中还有各种谷物和种子，其中就有桑树的种子。从此，西藏地区有了种桑养蚕的技术，也有了自制的丝织品。

美丽的小山村鸟语花香，郁郁葱葱，给文成公主留下了美好的印象，她和松赞干布一起在此度过了新婚最美好的时光。为了纪念和松赞干布的感情，她在这里亲手种下了雌雄两棵桑树，同时种下的还有苹果和梨树。但是千年过后，随着岁月的流逝，其他树都死掉了，只有这棵雄桑树存活到今天，而且年年开花，生机盎然，只是再也没有结果。

林芝古桑王

桑树是寿命较长的树种，几百年的桑树古已有之，上千年的古树却难得一见，出现在西藏这样高海拔的地区更是令人惊奇。

与西藏其他地区典型的高寒气候相比，林芝的气候可谓得天独厚。林芝平均海拔 3000 米，是西藏海拔最低的地区，由于被喜玛拉雅山、念青唐古拉山和横断山从三面包围，东南低处正好面向印度洋打开了一个缺口，暖湿气流沿着雅鲁藏布大峡谷常年流入，形成了一条水汽和生命的通道，造就了林芝如江南般温暖湿润的气候，夏不酷热，冬无严寒，非常适合植物的生长，森林覆盖率达 51.95%，是中国著名的林区之一，素有“生态绿洲”“高原氧吧”等美誉。

由于海拔落差大，林芝几乎汇集了从海南岛到北极的各种植被，从谷底到山顶是一片片茂密的原始森林，优异的自然条件使这里的植物生命力比其他地区还要旺盛。作为世界仅存的较少为人类所涉足的地区之一，林芝的原始森林至今保存完好，其中就有许多几百年甚至上千年的古树。

这些珍贵的古树能够得到很好的保护，主要源自藏族同胞对树木神灵的崇拜。在林芝地区，寺院庙宇的分布并不多，但神山、神石、神树、神坛等原始崇拜物却比比皆是。鲜艳的五色经幡挂在一棵棵参天古树之上，上面印满密密麻麻的经文和佛像。在人们的心中，随风舞动的经幡飘动一下，就

高原氧吧

五彩经幡

是诵经一遍，这是在祈求神的庇佑，也是给自己积攒功德。每逢节日，当地的藏族同胞经常来到这里围绕着神山和神树转圈朝拜，祈求自己的心愿能够得以实现。

把古桑树视为神灵的帮纳村村民们逢年过节时也会聚到树下跳舞唱歌，敬献哈达，这已经成为他们千百年来不变的传统。古老的桑树王也伴随着文成公主的美丽传说庇护着村民，给人们带来美好的希望。

第七章
黑土地上的勃勃生机

东北地区

辽宁省朝阳市

保佑平安的“天然冰箱”——暴马丁香王

每年的五月底、六月初，辽宁省朝阳市的清风岭自然保护区里，一棵矗立在半山坡上的古老丁香树繁花绽放。绿色的树叶、白色的小花相间而出，犹如云雾缭绕树间。100 多平方米的树冠，仿佛是一把清新明亮的花伞。微风吹过，一阵阵花香令人心旷神怡。不过，如此馥郁柔美的花朵，却有着一个粗犷的名字“暴马丁香”。

朝阳市林业专家邵永权说：暴马丁香的花就像奔跑的白马竖立起来的马鬃，所以给它起名叫暴马丁香。中国最古老的暴马丁香树，已经有 2000 多岁高龄，被人们誉为“暴马丁香王”。它树高 16 米，树围最粗处 3.4 米。因为生长速度极慢，这株 2000 多年的古树并没有显得特别粗壮。

暴马丁香王的花朵

暴马丁香王

因为花开白色，暴马丁香也叫白丁香。它的树干光亮，树皮上长着点点斑痕，像是秤杆上的秤星，当地人也叫它“秤杆子木”。朝阳地区干旱少雨，光照充足，非常适宜暴马丁香的生长。历史上，这里的人们曾经广植暴马丁香树，除了水土适宜，还因为它承载着特殊的佛教文化。

相传，在藏传佛教格鲁派创始人宗喀巴大师的出生地，有一棵长着十万片叶子的暴马丁香树，每片叶子上都能呈现出一个“狮子吼佛”的形象。为了抚慰父母的思儿之情，宗喀巴大师修建一座佛塔，可以“见塔如见儿”。后世，人们又在塔旁建起了一座明制汉式佛殿——弥勒殿。由于先有塔，而后才有寺，当地群众便将这座寺庙称为“塔尔寺”，后来它成为了举世闻名的藏传佛教圣地。

树干细节

在2000多年的时光中，“暴马丁香王”和周围的人们相依相伴，特别是在近代抗日战争时期，“暴马丁香王”创造了一个了不起的传奇。

1931年，“九一八”事变后，日军侵占东北，建立伪满洲国，但在“暴马丁香王”所在的清风岭地区，出现了一位名叫王老凿的汉子，他忠肝义胆、智勇双全，带领着全村人与日军浴血奋战、拼死抗争。在这期间，“暴马丁香王”发挥了特殊的作用。每次战役前，村民会前来祭奠，祈求“暴马丁香王”保佑地方老百姓和家庭。

战争岁月，“暴马丁香王”给予村民的，是战斗的勇气和胜利的信心。在它的佑护下，村民们在清风岭地区坚守14年，保住了清风岭，成为东北地区为数不多的未被日军占据的土地。

如今，战争早已远去，“暴马丁香王”与周围的村民们一起，享受着安宁的日子。在距离“暴马丁香王”不足百米的地方，生活着一家人，几十年来，这家人陪伴并呵护着古树，在女主人姜景芝的眼里，这棵树已经是家里不可或缺的一员。

除了护佑平安，暴马丁香树还可为百姓生活所用。它的树皮、枝条都可以入药，有清肺祛痰、消炎利尿的功效。因为木材坚实紧密，用暴马丁香木做成的家具既防虫又耐腐，还常年留有清香。暴马丁香的木材很珍贵，用这种木材做出箱子，就是把新鲜的肉放到里面三天也不腐烂，是一个"天然冰箱"。

走过 2000 多年的岁月，"暴马丁香王"依然枝叶繁茂、花团锦簇。每到花开时节，很多游人会来此享受"花香浴"。当地林业部门计划在它的周围增设围栏加以保护，让"暴马丁香王"在人们的爱护中，继续花开万朵，屹立千年。

清风岭自然保护区

黑龙江省伊春市

北方林都中的“大明星”——伊春红松

伊春，中国的“北方林都”，因为分布着世界上规模最大、保存最完整的红松原始森林带，被誉为“红松故乡”。

在伊春五营国家森林公园里，来来往往的游客们最喜欢在一棵巨大的红松下停留，并且还要亲自抱一抱这棵红松。如果从人与树亲密接触的角度来看，在这片 1041 平方公里的森林里，这棵红松是当之无愧的“大明星”。

这棵明星树树高近 30 米，树围 3.6 米，树龄已经超过了 500 年。因为表皮棕红，木材颜色黄白中带有微红，所以被称为“红松”。它的树干坚韧而富有弹性，能够对抗大风；塔状树冠可以避免过多的积雪；可以承受零下五十度的低温。有了傲对风雪的实力，这棵

伊春红松

红松林

红松和它的家族就成了这片森林里的“大家长”，为其他生物撑开了一把巨大的保护伞。

这棵红松之所以被人们喜爱，是因为一个偶然的巧合。就在它旁边两三米的地方，一棵比它体量稍小的红松矗立着。经过专业的树龄测定，两棵树几乎同年出生，一起长大，向着相对的方向伸展，就像一对情侣一样望着对方，因此人们就把这两棵树取名为“望情树”。

美好的寓意让这两棵红松深受游客喜爱，就在两棵“望情树”中间，一棵小红松抽出了枝桠。事实上，如何把自己的种子送进土壤繁育后代，红松有巧妙的构思。为了保证种子从高处掉落时不至于摔坏，松果进化出了坚硬的外壳。为了把外壳剥掉，把种子埋进土壤，红松以美味的松子儿做报酬，雇用动物们做播种的农夫。比如松鼠、花鼠，还有松鸦，它们在秋季的时候，都要为冬天储备一些食物，就将松果埋在地下，有时由于自然环境的变化，比如采伐、

风吹，把它的参照物吹倒了，或者采伐没了，凭记忆动物们已经找不到原来藏放的地方，这样经过一年到二年的时间，种子就慢慢地萌发出来了。

除了动物把松子当作过冬的粮食，人类也难以抵御松子的美味。松子含有丰富的蛋白质、维生素和不饱和脂肪酸，可以预防心脏病、降低血脂，所以被誉为“长生果”“长寿果”。中国是松子的出口大国，而伊春正是红松子的主要产区。对于生活在红松林周围的人们来说，松子的价值非同一般，它意味着幸福安稳的生活。

事实上，松树一身都是宝，它的树干富含松脂，可用来萃取松香等工业原料，它的木质轻软，易加工，不易变形，是建筑桥梁的优良用材，无论是在古代的楼宇宫殿、还是现代的人民大会堂等建筑中，红松都发挥了顶梁柱的作用。在过去的几十年间，伊春已经为国家提供了2亿多立方米的红松木材。

相比经济价值，红松的生态价值更大。每一棵红松，既是一台净化空气、释放负氧离子的造氧机，也是一座天然水库，两小时的大雨过后，红松周围从不会积水，所以红松也是水土保持、水源涵养林的最佳选择树种。

为了达到保护环境和资源永续利用的目的，人们已经行动起来。在伊春铁力林业局辖区内，有一片林地被划分出来，命名为“马永顺林”。马永顺是一个伐木工人的名字，当年，他用一把弯把锯，以伐树三万多棵的成绩戴上了劳动模范的奖章。1982年，马永顺该退休了，他却没有停下来，而是选择上山种树。从此，他率领十几

松果

松鼠吃松果

口人的“马家军”埋头植树，一干就是 18 年。2000 年，87 岁的马永顺因病去世，在他身后，留下了 56000 多棵树木组成的“马永顺林”。

如今，“马永顺”三个字不再是一个生命的符号，它代表着一个民族环境意识的觉醒。2005 年 9 月 1 日，伊春境内全面停止采伐天然红松林，并对现存的红松逐棵进行登记保护。2007 年，认领天然红松的活动向社会推广，中国已经有 42000 多人提出申请，认领了超过 37 万株红松。人们通过这样一种形式，保护森林，反哺红松。

深秋时节，森林深处的“望情树”，享受着人们真诚的拥抱，也静待着果实成熟的时刻……

第八章

滨海港湾的绿荫

港澳台地区

香港特别行政区大埔区

抛枝祈福——香港许愿树

香港，亚洲最大的金融中心，鳞次栉比的商厦、行色匆匆的人群，行走其间，不难发现这是一个生活快节奏的都市。

然而繁华的香港也有着宁静的一面，人们可以在那里放慢节奏、远离喧嚣。位于香港大埔区林村的许愿树及其营造的环境就是其中之一，几乎每天都有四面八方的人，从车水马龙的市区来到这里，静静享受阳光、默默许下愿望。

这棵许愿树是一株细叶榕，高达 11 米，树围最粗处 3.2 米，它的树干高耸、枝繁叶茂，树龄近 200 年。见证了香港从一个贫困的小渔村转变成国际大都会的百年沧桑，历史变迁。

说起香港这棵许愿树的来历，当地流传着一个美丽凄婉的故事。相传清朝年间，林村有一对恋人，他们青梅竹马、两小无猜、就在

许愿树

许愿树树根

二人快结婚时，战争爆发了，小伙子毅然从军。临行时，他们来到村口的天后宫，在世代信奉的妈祖面前许下诺言，情定一生。小伙子走后，一连多年杳无音讯，姑娘的思念之情无以言表，她就在妈祖庙的旁边种下一棵榕树，并默默许愿，期盼心上人早日平安归来。但不成想世事无常，这一别却成了永别，小伙子没再回来，而姑娘仍在树下苦苦等待，直至头发花白、步履蹒跚。最后老人去世了，她的故事感动了全村，大家就把她葬在她亲手种的树下，并给这棵树取名为“许愿树”。

虽然两位有情人没能终成眷属，但姑娘对爱的矢志不渝却打动了无数人，因此后世的人们把许愿树，看作是忠贞爱情的象征。如今许多恋人和新婚夫妇，都会特意来到这里，让许愿树见证他们的爱情。

在香港人的眼中，许愿树是一棵“神树”，人们在它面前许下一些看似不可能的愿望，没想到事后竟奇迹般地实现了，这给许愿树本身蒙上了一层神秘的色彩。在当地，这样美梦成真的例子举不胜举。

在许愿树下许愿的方式非常独特，也很有趣味。过去人们是用一根绳子，把写有愿望的纸条和一块石头系在一起，然后再诚心向树许愿后将其抛上树干。据说抛得越高，愿望越灵验。

如今这棵许愿树已经被保护起来，不让人们再抛掷物品了。前些年由于许愿的人太多，短时间内就让这棵许愿树的枝干上被挂得满满当当，大量的重物让这棵百年古树不堪重负，2005 年许愿树的一根巨大的枝干被压断，还导致多人受伤。不仅如此，由于重物压身，这棵许愿树的绿叶一年比一年少，当地的林业专家认为这棵树已经步入了衰老期，并有可能在 5 至 10 年内枯死。为了不让这种情况发生，人们仿造了一棵环保树，既保护了许愿树，又让人们“抛枝祈福”的传统得以延续。

在当地民众的保护下，经过近三年的急救，这棵许愿树在 2008 年时“大病初愈”，开始长出新叶和新的气根。

如今许愿树已经成为一张名片，林村也因为有许愿树而远近闻名。借助许愿树的影响力，林村建起了许愿池、许愿长廊、许愿广场。每年正月初一到十五，这里还会举行具有

香港许愿树

仿造的环保树

香港本土特色的许愿节，许愿节期间有来自十多个国家的艺术团体齐聚一堂进行表演。高峰时，每日吸引游客达数万人。在演绎文化、发展旅游的同时，林村还不忘借助许愿树宣传环保，向每一位游客传递营造绿色、节能减排的理念。目前这里已经成为香港的环境教育基地。

无论愿望能否成真，无论人们赋予这棵许愿树怎样的神奇，它实际是很多人的精神寄托，反映出人们对美好生活的向往。因为有愿望、有梦想，人们的生活才变得丰富多彩。

图书在版编目（CIP）数据

中国古树：绿色文物的传奇故事 / 中央广播电视总台编. -- 南昌：江西美术出版社, 2020.8
ISBN 978-7-5480-7678-0

Ⅰ. ①中… Ⅱ. ①中… Ⅲ. ①树木－介绍－中国
Ⅳ. ①S717.2

中国版本图书馆CIP数据核字(2020)第115480号

出 品 人：周建森
责任编辑：方　姝
编辑助理：饶沁雨
责任印制：吴文龙　谭　勋
书籍设计：韩　超
插图作品：齐白石《石门二十四景图》
封面作品：吴冠中《鼓浪屿》

中国古树 绿色文物的传奇故事
ZHONGGUO GUSHU LVSEWENWU DE CHUANQIGUSHI

编　　者：中央广播电视总台
出　　版：江西美术出版社
地　　址：南昌市子安路66号
网　　址：www.jxfinearts.com
E － mail：jxms@163.com
邮　　编：330025
电　　话：0791－86566309
经　　销：全国新华书店
印　　刷：浙江海虹彩色印务有限公司
开　　本：710mm×1000mm　1/16
印　　张：16.25
版　　次：2020年8月第1版
印　　次：2020年8月第1次印刷
书　　号：ISBN 978-7-5480-7678-0
定　　价：68.00元

若有印刷、装订质量问题，请与承印厂联系，电话：0571-85095376